宮脇 昭

見えないものを見る力

「潜在自然植生」の思想と実践

藤原書店

ドイツからの参加者とともに植樹を行なった大槌町「平成の杜」（2014年）

海上の人工島につくられた、関西電力御坊発電所の森（約30年後、2014年）

種からポット苗を育て、植樹する
（つくば市の植樹祭、2007年）

ポットには根群が充満している
（東海市の植樹祭、2009年）

さまざまな種類を混植、密
植する（九州電力佐賀での
植樹、2009年）

2～3年は草取りをするが、後は自然にまかせれば、りっぱな“ふるさとの森”となる

成長した新日鐵君津の環境保全林（2011年）

万里の長城沿いにつくった、土地本来のモウコナラ林（2002年）

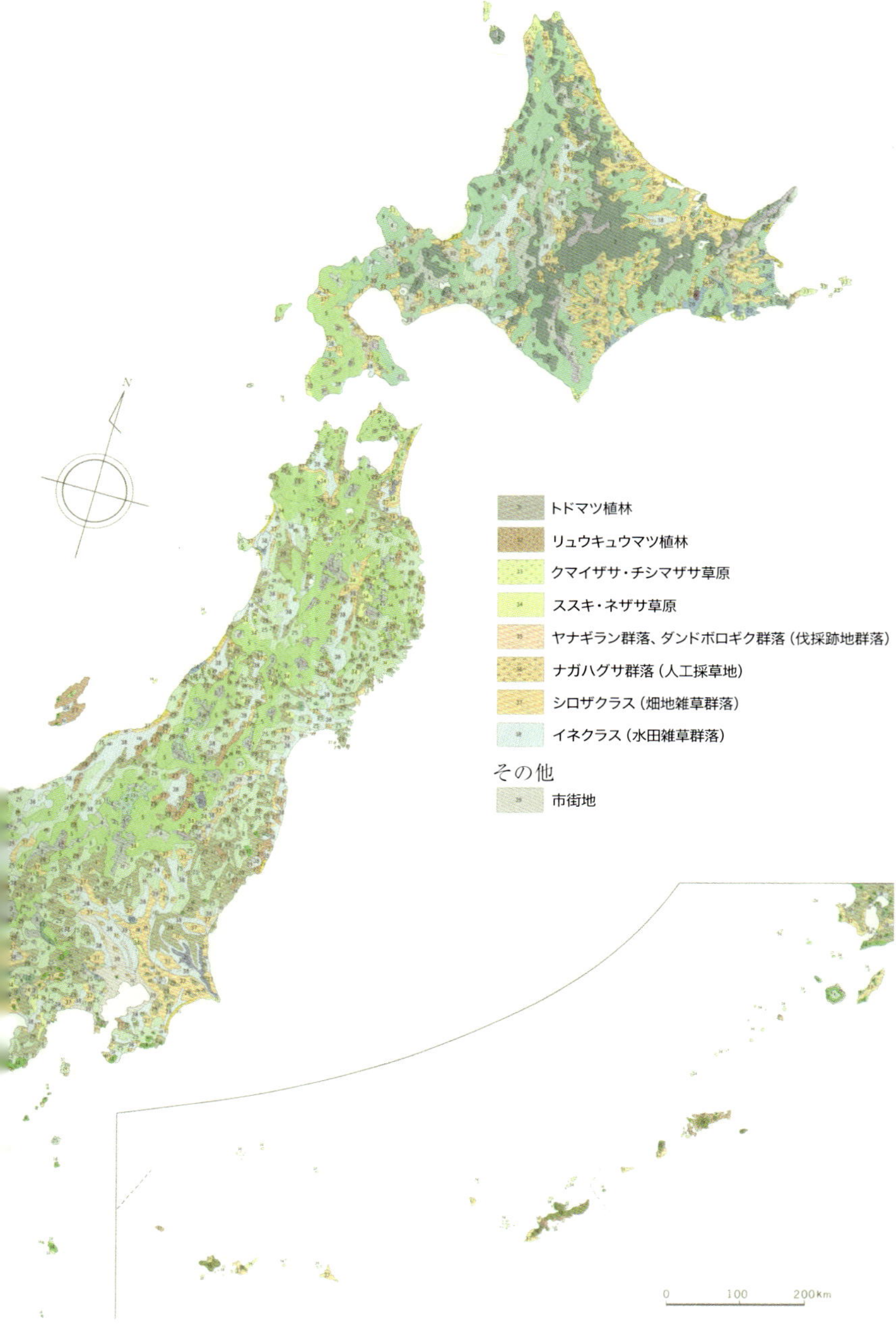
N
トドマツ植林
リュウキュウマツ植林
クマイザサ・チシマザサ草原
ススキ・ネザサ草原
ヤナギラン群落、ダンドボロギク群落（伐採跡地群落）
ナガハグサ群落（人工採草地）
シロザクラス（畑地雑草群落）
イネクラス（水田雑草群落）
その他
市街地
0
100
200km

日本の現存植生図

凡　例

自然植生

森林植生

高山植生域

- ハイマツ群団（高山低木群落）、高山ハイデ、風衝草原

コケモモ—トウヒクラス域（亜高山性針葉樹林帯）

- エゾマツ群団（エゾマツ—トドマツ群集他）
- オオシラビソ群団（シラビソ—オオシラビソ群集他）
- ダケカンバ—ミヤマキンポウゲクラス、ササ—ダケカンバ群落

ブナクラス域（夏緑広葉樹林帯）

- チシマザサ—ブナ群団（ヒメアオキ—ブナ群集、マルバマンサク—ブナ群集）
- ヒノキアスナロ—ブナ群落
- スズタケ—ブナ群団（イヌブナ群落、ヤマボウシ—ブナ群集他）
- クロモジ—ブナ群集
- オオバボダイジュ—ミズナラ群集、エゾイタヤ—シナノキ群落他
- ハルニレ群落、ハンノキ群落
- ヒメヤシャブシ—タニウツギ群落
- ツガ群団（コカンスゲ—ツガ群集他）

ヤブツバキクラス域（常緑広葉樹林帯）

- サカキ—ウラジロガシ林域（モミ—シキミ群集、イスノキ—ウラジロガシ群集他）
- シイ—タブ林域（ヤブコウジ—スダジイ群集、イノデ—タブ群集他）
- リュウキュウアオキ—スダジイ群団（リュウキュウアオキ—スダジイ群集、ヤクシマアジサイ—スダ
- ナガミボチョウジ—クスノハカエデ群団（オオイワヒトデ—アカギ群集、ガジュマル—クロヨナ群
- ウバメガシ—トベラ林域（トベラ—ウバメガシ群集、マサキ—トベラ群集他）
- ソテツ群落

草本植生（各クラス域共通）

- ツルコケモモ—ミズゴケクラス（高層湿原）
- ヨシクラス（低層湿原）
- ヒルムシロクラス（沈水植物群落）
- ウラギクラス（塩沼地植生）
- ハマボウフウクラス（砂丘植生）
- フジアザミ—ヤマホタルブクロ群集他（火山植生）

代償植生

- コナラ・ミズナラ群落
- シラカンバ群落
- アカマツ植林
- クロマツ植林
- スギ・ヒノキ植林
- カラマツ植林

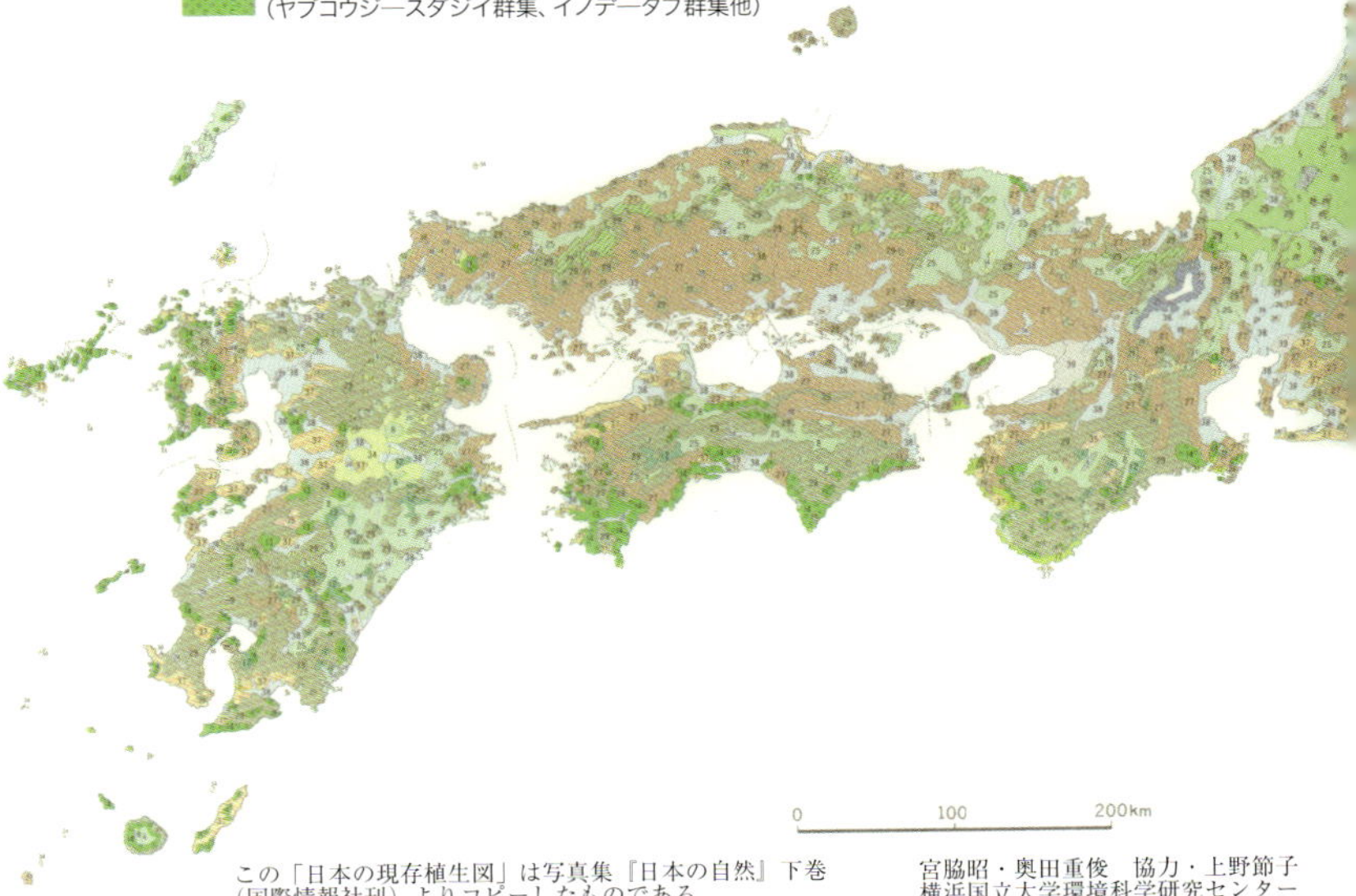

この「日本の現存植生図」は写真集『日本の自然』下巻（国際情報社刊）よりコピーしたものである

宮脇昭・奥田重俊　協力・上野節子
横浜国立大学環境科学研究センター
1975年1月、東京

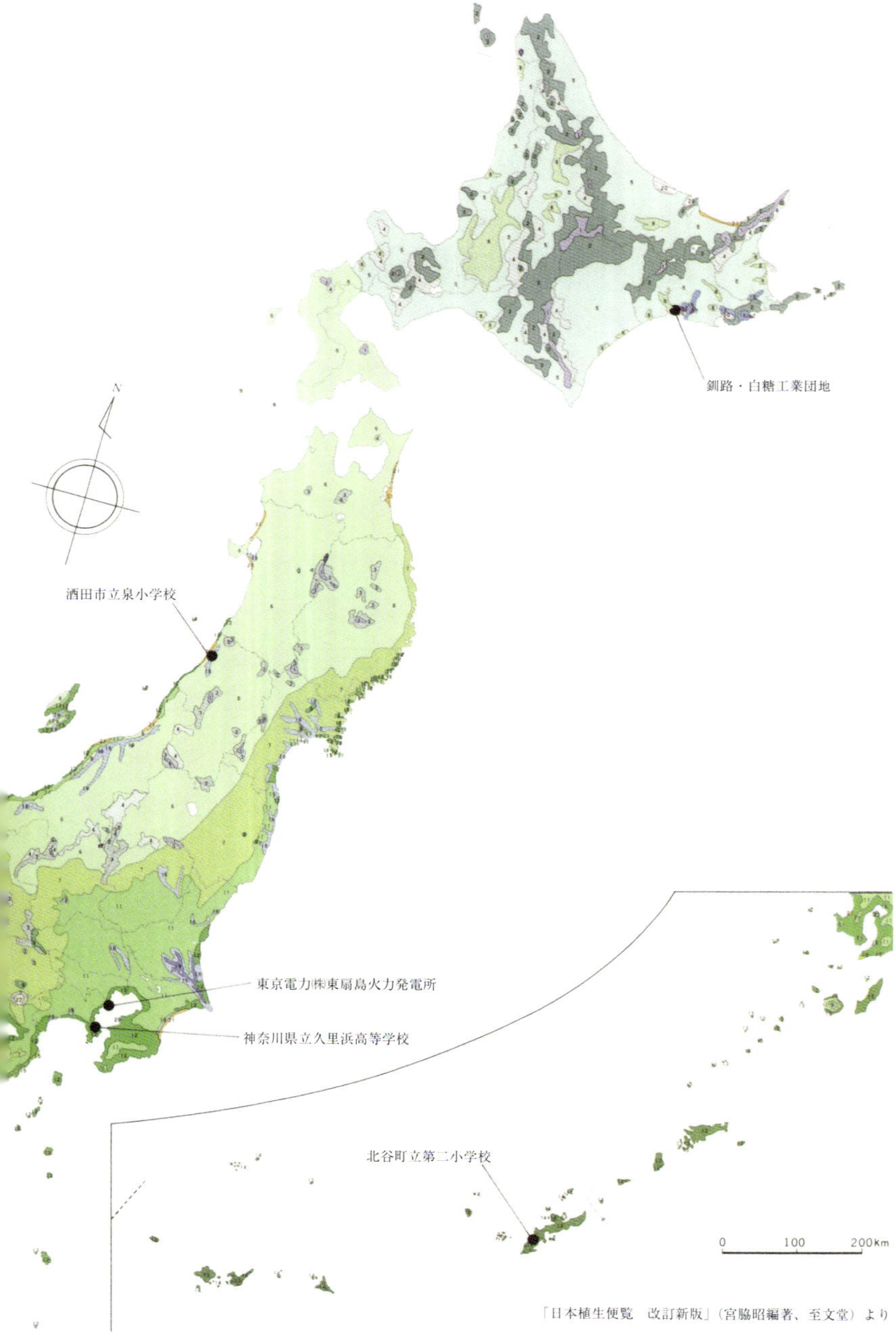

「日本植生便覧　改訂新版」（宮脇昭編著、至文堂）より

日本の潜在自然植生、様々な環境保全林の位置

宮脇・奥田・藤原・鈴木・佐々木、1994「日本の潜在自然植生図」に加筆

凡　例

コケモモ—トウヒクラス（高山、亜高山帯）

- 1 コケモモ—ハイマツ群団（コマクサ—イワツメクサクラス他の高山草本植物群落を含む）
- 2 エゾマツ群団（エゾマツ—トドマツ群集他）
- 3 シラビソ—トウヒ群団（シラビソ—オオシラビソ群集他）
- 4 ダケカンバ—ミヤマキンポウゲクラス（ウラジロヨウラク—ミヤマナラ群団も含む）

ブナクラス（夏緑広葉樹林帯）

- 5 オオバボダイジュ—ミズナラ群落他
- 6 チシマザサ—ブナ群団（ヒメアオキ—ブナ群集、マルバマンサク—ブナ群集、クロモジ—ブナ群集）
- 7 スズタケ—ブナ群団（イヌブナ群落、ヤマボウシ—ブナ群集他）
- 8 ハルニレ群団およびサワグルミ群団
- 9 ツガ群団（コカンスゲ—ツガ群集他）
- 10 アカマツ群団（ヤマツツジ—アカマツ群集他）

ヤブツバキクラス（常緑広葉樹林域）

- 11 シラカシ—アカガシ群団（シラカシ群集、シキミ—モミ群集、イスノキ—ウラジロガシ群集他）
- 12 イズセンリョウ—スダジイ群団（イノデ—タブ群集、ホソバカナワラビ—スダジイ群集、ミミズバイ—スダジイ群集
- 13 リュウキュウアオキ—スダジイ群団（ケナガエサカキ—スダジイ群集、オキナワシキミ—スダジイ群集他）
- 14 ナガミボチョウジ—クスノハカエデ群団
- 15 シャリンバイ—ウバメガシ群団（トベラ—ウバメガシ群集、マサキ—トベラ群集他）

各クラス共通

- 16 ハンノキクラス、オノエヤナギクラス
- 17 ツルコケモモ—ミズゴケクラス（高層湿原）
- 18 ヨシクラス（低層湿原）
- 19 ヒルムシロクラス（沈水植物群落）
- 20 ウラギククラス（塩沼地植生）
- 21 ハマボウフウクラス（砂丘植生）
- 22 フジアザミ—ヤマホタルブクロ群集他（火山植生）

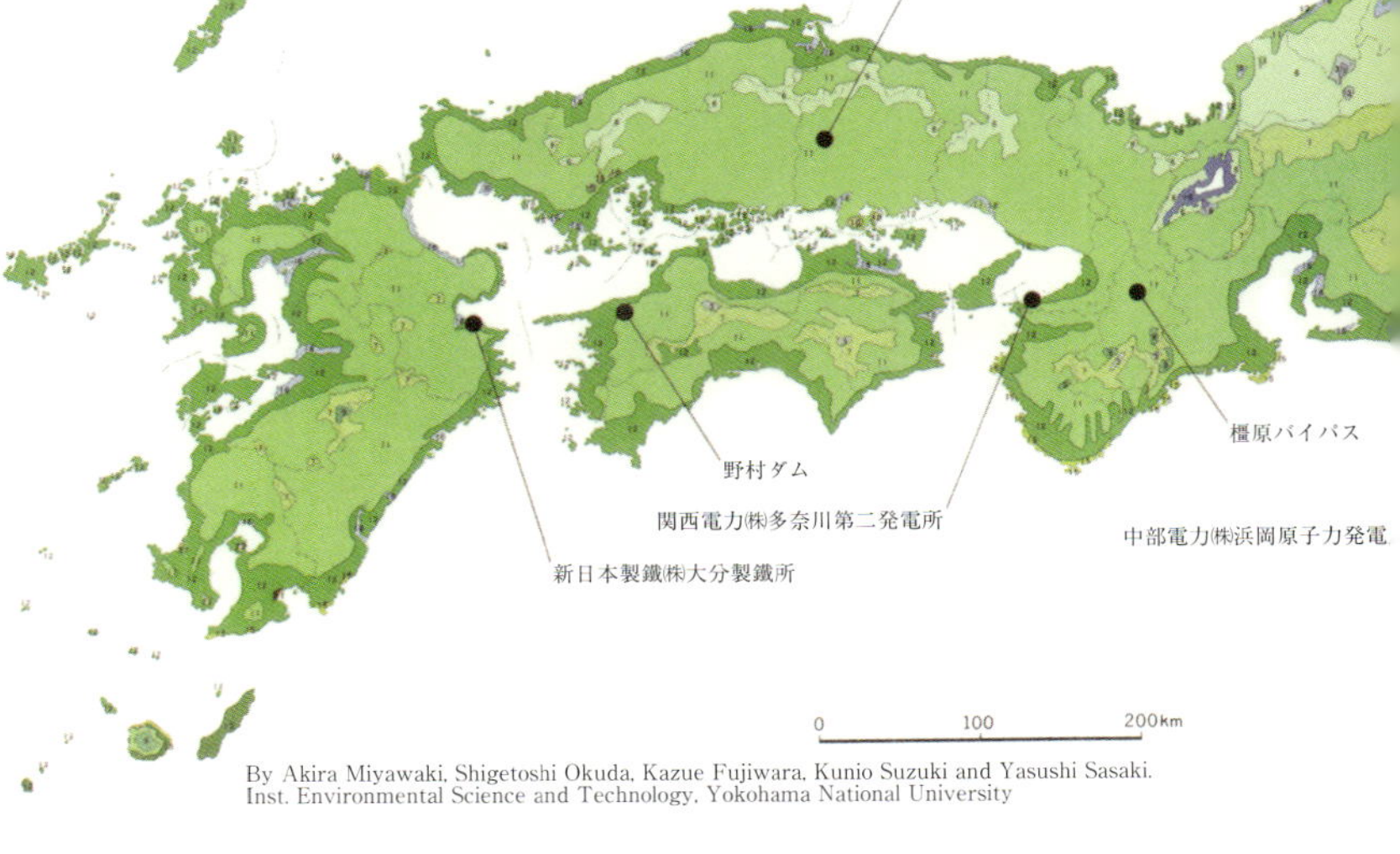

By Akira Miyawaki, Shigetoshi Okuda, Kazue Fujiwara, Kunio Suzuki and Yasushi Sasaki.
Inst. Environmental Science and Technology, Yokohama National University

多層群落の鎮守の森

ワンガリ・マータイさんと、ケニアでの森づくり。
世界中で森づくりに取り組んでいる

はしがき

私たちは、五百万年の人類の歴史のなかで夢にも見なかったほど、物もお金もエネルギーも食べ物もあり余った状態でいながら、まだ「足りない、足りない」といって、目先のことにのみ忙しく対応しています。

現代の最新の科学・技術、あるいは思考方法は、すべて、われわれの先祖が夢にも見なかったほどです。とくに、コンピュータに象徴されるような情報産業の発達は、かつては計算機やそろばんで何日もかかっても計算できなかったようなことが、さまざまなデータを取り込んで、数字やカーブ（グラフなど）で瞬時に表現することができるようになりました。個々のデータを数字化し、それをコンピュータにインプットし計算することによって、数字で、あるいはグラフやデータで、見やすく見事に表現できます。

今、私たちは意識する・しないにかかわらず、お金に換算できるもの、数字で表現できるもの、そして模式やグラフで表現できるものだけが科学・技術の対象であると考えています。そして、そういう考えで、私たちの生活のあらゆる側面に対応しています。いのちにたいしては紙切れにすぎない札束や株券で対応できるものが、もっとも大事であり、すべてであるかのように、錯覚しています。

そして、都市計画、建築、橋梁設計、海岸の防潮堤計画、また私たちの生活を支えているすべてのことは、今、私が〝死んだ材料〟と呼ぶコンクリートやセメントによるものばかりです。〝死んだ材料〟を使っての計算や設計、技術、工場製品などは、すべて数字で、またはさまざまな尺度で読み取り、評価できるものです。自動車産業でも、コンピュータでも、腕時計一つでも、部品が一ミリちがっても、すべてが止まって機能しなくなってしまいます。

このような、今、私たちが生活のなかで具体的にやっていることは、すべて「見えること」です。「見えること」は、つまりコンピュータで計算できることなどです。

見えるもの、計量化できるもの、そして生活のすべての基盤になっているもの、経済的な、お金や株券で評価できるものは、もちろん大事であり、今後もこのような計量科学的な研究や技術的発達は、進めていかなければならないことは、事実です。しかし、それだけでは不十分です。

私たちは今、物もお金も食べ物も環境も、また医学についても、あまりにも多くの計量可能な、可視的なデータを組み合わせ、平均値を出して計量化することに慣れすぎています。ですから、それがすべてのように錯覚しやすい。もちろんこのような技術は進めなければいけませんが、少し冷厳に考えてみれば、物もお金もどれほどあり余っていても、どれだけ最高の技術であっても、美しい日本の国は、もっとも自然災害の多い国土でもあります。人間による自然破壊にたいして、必ず襲ってくる自然の「揺り戻し」――台風、洪水、暴風、山崩れ、地震、津波、大火事について、その予測や対応において、現在つかみ得るデータを総合して評価することは大事です。しかしそれだけでは、いのちを守りきることができません。

どれほど科学・技術を発展させて計測し、計量化して調べても、時間的には、四六億年の地球の歴史、四十億年のいのちの歴史、五百万年の人類の歴史の中では、どんな長期と言っても、五十年、百年、千年、二千年の幅をとっても、それはほんの限られた、瞬間的な時間にしかすぎません。また、どれほど広い範囲で調べても、どれほど面的な測定データであっても、地域（ローカル）から地球規模（グローバル）に広がっているこの膨大な空間的広がりの、ごく一点にしかすぎません。

もちろん、いろいろと予測し、対応することについては、現代の最高の科学・技術がもっとも自慢とし、得意であり、使い切る手法であり、きわめて重要ではあります。

しかし、そのような予測を超えて、来るものがあります。最高の技術でつくったものをも越えて襲ってくる自然災害――たとえば鉄筋コンクリートの防潮堤を越えて襲う津波、また一九九七年一月十七日の阪神・淡路大震災、二〇一一年三月十一日の東日本大震災、二〇一三年の伊豆大島の土砂崩れ、また一般には知られていませんが、阿蘇の外輪山の内側に位置している町に台風、山崩れによって土砂が流れて、住宅も巻き込まれて流され、かけがえのないいのちが失われている例があります。二〇一三年の長野県南木曾村の、また二〇一四年四月の阿智村の集中豪雨による阿智川上流からの土砂崩れ、その下の住宅や橋、道路も上流からの土砂流による大きな被害。二〇一四年八月の広島の斜面崩落、土砂流れなどによる一夜の、多数の犠牲者もあります。

今後も、私たちは最高の現代の科学・技術によって、見えるもの、計量化できるもの、数字で評価できるもの、金で換算できることを進めていくことはもちろんですが、それだけでは十分ではありません。どれほど最高の現代の科学・技術を使っても、いのちにたいしては、それを支えるトータルな災害防止策、環境保全にたいしては、残念ながらまだきわめて不十分であり、予測がすべて当たらないのが当然ともいえます。

〝死んだ材料〟での科学・技術は、すばらしい。空間的には小地球だとさえ思われるジェット機もあれば、あるいは宇宙衛星では月や彗星、一時的には月の世界まで行けます。しかし、いのちにたいしては、またそれを支える総合的ないのちを守る環境にたいしては、残念ながら、まだ現代の科学・技術、いわゆる「見えるもの」だけを利用した、もっとも最新の科学的な手法、技術的な対応といわれるやり方だけでは不十分、あるいは不可能といってもよいのです。

今大事なことは、「見えるもの」を丁寧に測定・計量化し、さらにわかったことを総合することではあります。いろいろと過去のデータから現在を、そして未来を予測し、対応し、刹那的でもすばらしい今の生活環境を豊かにすることは、大事です。しかし、それだけでは、いのちにたいしては残念ながらまだきわめて不十分です。同時に、「見えるもの」だけでのデータから、「見えない全体」をどのように見きわめ、対応するかを考えなければなりません。

コンピュータ時代に育つ若いみなさん、またようやく慣れてこられた熟年者のみなさん、あまりにも目先の、「見えるもの」だけであらゆる生活を営んでおられ、そしてそれがすべてであるかのような幻想にかられているのではありませんか。

今もっとも問われているのは、そして今大事なことは、「見えないもの」をどう見るか、ということです。現在の人間の力ではまだ「見えないもの」を、どう見きわめるか。その努力こそ、もっとも大事ではないでしょうか。そのことを、私の「森づくり」についてお話ししながら、みなさんに訴えていきたいと思います。

二〇一五年一月

宮脇　昭

見えないものを見る力　目次

第1章　「見えないもの」をどう見るか？

第2章 「潜在自然植生」とは何か？ 日本には〝鎮守の森〟がある

第3章 「緑の戸籍簿」とは何か？　緑の診断図・処方箋づくりの旅

第4章　真の「科学」とは何か？　見えないものを見る力

終章　「森」とは何か？　生物社会の掟

〈特別資料〉日本と東部北アメリカの比較植生調査

＊明記しない限り、写真はすべて著者撮影／国際生態学センター提供

見えないものを見る力

「潜在自然植生」の思想と実践

一九七四年五月に日本で初めて開催された国際植生学会「植生科学と環境保護」での記念講演

〈序にかえて〉

環境保護のための「植物社会学」の重要性

ラインホルト・チュクセン（国際植生学会会長）

〈本稿について〉

これは、日本ではじめて国際植生学会が主催した「植生科学と環境保護」のテーマの催しにおける、同学会会長ラインホルト・チュクセン教授（一八九九―一九八〇）の記念講演記録の抄訳である。この学会は、一九七四年五月十六日から六月七日まで、世界十九か国から二十四名のトップの研究者、生態学者、植生学者を招いて行われた。まず最初に東京に集合し、五月十六日から六月二日まで、南は九州の大隅半島から、北は北海道の大雪山、阿寒岳、釧路湿原までの日本四九県縦断現地調査（エクスカーション）、そしてその知見を踏まえて、六月五日から七日まで、経団連の国際会議場で、世界各国の大学や研究機関の当時のトップの研究者を招待して、英語及びドイツ語で発表・討議が行われた。これらの成果のすべては、一九七七年、五七七ページにまとめられ、丸善から英文で出版された。

（宮脇昭）

R. Tüxen "The Significance of Phytosociology for the Protection of Environment", *Vegetation Science and Environmental Protection*, Maruzen Co., Ltd., pp.13-20.

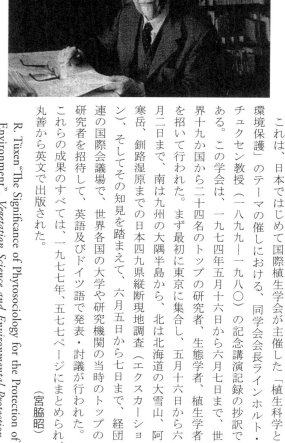

われわれが日々行っているさまざまな人間活動は、地球上のすべての生きものの生存の基盤である自然環境の質を、今やどんどんと変えてきています。このような危機は、単にわれわれ人類にとってだけではありません。実は、われわれ人間はこの地球上において、動物、植物、あらゆる生きものたちと、直接・間接のきわめて複雑な相互依存関係にあります。

私は植物社会学者であり、また生物社会学者です――あえて生態学者という言葉を避けたいのです。それは、単に個々の生態学的な要因、エコロジカルな要因と生物との個別の関係だけではなく、私は植物学者として、現存しているすべての植物群落と、それによって生かされているいる地球上のすべてのいのちを全体として把握したい、すなわち植生、植物群落のシステムとその働きについて研究し、それを総合的にいのちあるものの生存可能な基盤にしたいと考えているからです。

まず最初に、農業や林業、それらと関係のある技術や産業は、すべての生きものの基本である環境を守る、また破壊されているところは再生する、よりまちがいのない生存・生活を保証する義務があると思います。

われわれ生物学者は、すべての植物が生きものの生存・生活を発展させる潜在能力について、まず十分に正しく理解しておくべきです。そして忘れてはならないことは、植物、そしてその集まりである植生は、地球上の人間も含めたすべての生きものたちの唯一の生存の基盤であるという事実です。

個々の植物種は、すべてフロラ（植物相）としてまとめられています。またすべての植物群落は、単なる生きものではなく、生きものの集団（organization）なのです。それが植生（vegetation）です。自然には変えることのできない基本的な一つの掟があり、そのシステムの中ですべての生きものは生存しているのです。植物も動物も、そして人間も、生まれてから死ぬまで、掟を破れば「死をもって処罰される」のです。これは、オルテガ・イ・ガシェットの言葉でもあります。その大事な生物社会の掟とは、具体的には以下のとおりです。

(1) すべての生物集団の社会的な秩序の掟

単に一つの植物の種や個体が問題なのではありません。動物も人間も単独では、また同じ種類だけでは生きていけません。きわめて多次元な、網の目のような、生きものたちの社会的・機能的なかかわりがあり、また環境条件が多様であってこそ、全体の均衡がとれ、そこでの植物群落や、あらゆる生物集団が安定するのです。そして多彩な、多くの種類による——植物の場合は、森のような多層群落を形成するのです。そして何か一つの要因が——例えば水分条件でも温度条件でも低すぎたり、あるいは足りなくなったり、多すぎたりすると、その集団はだんだんと単層化します。森の場合は、高木層が欠け、亜高木層が欠け、低木層が欠ける、という状態になります。種類も、そして量も単層化するのです。

（2） 生物社会の外的な秩序の掟

すべての生物集団は、その与えられた空間に応じて、またそこの環境条件、立地条件に応じて、全体の環境条件が多様でバランスがとれているときには、多層群落の森が、あるいは多様な動物・植物・微生物集団が発達します。しかし、ある条件が極端に多すぎても少なすぎても、一面的で極端になると、まず森の場合には、一番高い高木層から消えていきます。このような空間的な配分の掟があるのです。

（3） 空間的な秩序の掟

また、すべての、安定のとれた種の組み合わせによる生物集団は、その隣接集団との関わりあいもほぼ決まっています。それぞれがほぼ同質の条件のところでは、その条件・環境に耐える、あるいはがまんできる種類が組み合わさって、ダイナミックに安定したコミュニティ（集団）をつくっています。これが空間的な掟、あるいは法則です。

（4） 時間的な秩序の掟

すべての生物集団の機能や働きは、時間的なシステムに沿って多く見られるリズム――夜と昼であるとか、春に花が咲くなどの季節的な変化とか、また動物の繁殖期――によっても、すべての植物群落との相関があります。すべての生物の個体やその集団も、生まれ、生育し、生長し、そして成熟し、さらに崩壊していきます。このようなダイナミックな活動現象は、多くは時間の流れによって、さまざまな種類のコンビネーションがあります。畑の雑草などは特にそうですが、季節的に種類の組み合わせが異なります。このような季節的な、またさらに長い年月の、時間的な動きに対しても、その空間で生育している植物群落——基本的には人間活動の影響によって自然植生や環境が破壊された立地、いわゆる植物群落（都市など、人為的に自然植生が破壊された空間に生育している植物）の代償植生（二次植生）は、非常に出現植物の種類数が多いのが一般的です。

そして時間のプロセスとともに、そこの立地条件に対応した、土地本来の潜在自然植生の構成種の組み合わせに向かって、最終的には限られた種群の組み合わせで安定してきます。すなわち、それぞれの地域の自然、または農耕地のように、一定の条件、耕作や施肥などの条件下においても、その一定の自然や人為的条件が続くかぎり、その条件に適した、少なくとも耐え得る種群によってダイナミックに安定した持続的な群落を形成するのです。

(5) 内因的な（すなわち機能的な）秩序の掟

立地条件が多様で安定した空間では、自然状態ではその土地の立地条件に適した、あるいは対応できる条件に耐えた植物・動物が、ともに安定したコミュニティを形成します。一定の種群が一定の立地条件に応じて、循環的なシステムを形成するからです。

しかし、人間の好みによって混ぜた種の組み合わせは、一時的には生産性が高くても、持続的にそこで生存・生育することは困難です。これは土地本来の群落の枠、すなわち潜在自然植生から外れているからともいえます。

また、私たちがさまざまな活動をしている人為的環境下にある植物群落、たとえば自然開発や森林伐採などさまざまな経済活動下においては、一時的には出現種が多い。しかし、安定していません。すなわちすべての植物群落・生物集団は、外的要因では気候・土壌・地形などの外的要因と、その群落内・集団内での「競争―がまん―共生」という内的影響との関わりの中で、それぞれの場所で、どのような種の組み合わせで生存しているかが決まるのです。人間の都合によって植えられた植物、あるいはある種類だけで単植された植物は、一般にはなかなか長持ちしません。自然の本来の生物集団は、お互いに直接・間接に関わり合います。動的均衡の関係の中で、相互に影響しあいながら、その土地の内的・外的な要因に耐えたものどうしが、安定した生物集団を形成しているのです。このように外的な環境条件と、集団の内的な、すなわち社会内の関わり合い――競争―がまん―共生（ともに助け合う）――この両方の条件・要因がお互いに関係しあってこそ、それぞれの土地に固有の生物集団を形成しているのです。そしてそのような生物集団・植物群落は、面的にはすべてがお互いに関わりあいながら、それぞれの地域のランドスケープ（景観）を形成しています。

(6) 生産の枠組みの掟

この生物社会学的なフレームワーク（枠内）でのさまざまな活動の結果が、お互いに個体は交替しながらも、その集団——植物の場合は群落——としてはそれぞれの土地のバイオマス、生物的生産の量をつくりだしています。また、その間に生じたさまざまな落ち葉などは、微生物群によって分解され、植物の養分として再生産され、より豊かな土壌へと発達させています。

このようにして地球上の生産、そして消費、分解・還元のシステムが、地域から地球規模でさまざまな生物集団の基盤を規定しています。

このような状態は、限られた実験室での調査・実験・研究を超えて、よりダイナミックに発展し、それぞれの生物集団が、その土地本来のポテンシャルな（潜在的な）生産能力に応じて、量的にも質的にも持続的に豊かな物質生産を地球上で行っているのです。

(7) 調和（ハーモニー）の掟

植物社会と動物社会は、人間から見ると、ある種の調和をもって動くのが通常である、と言えます。この調和を破壊する者は、しだいに活力と潜在能力の喪失を示しています。

植物群落とは何か

植物群落とは、そこの立地条件、環境条件によって選ばれた種の組み合わせによる、いわば「植物のワーキング・グループ」ともいえます。植物群落および植生の概念は、植物社会学的な研究対象としては、環境保護の可能性と実現を明らかにするためにも必要なものです。以前は、応用植物社会学の研究対象は、たとえば作物のための、草原の植物群落のための、あるいは森林の生産量などの経済性が中心で、生産性あるいは経済性を高めるための一つの手段でした。しかし現在では、もっとも重要な課題は、急速な人間活動によって破壊され、あるいは劣化している自然の多様性や、そこに住んでいる植物・動物、もちろん人間も含めた生物の生存を支える、さらに人類生存の基本である自然の多様性、豊かさを主に探究するための科学分野であるといえます。このような目的に対しての、植物社会学的な現地植生調査に基づいた群落単位の具体的な配分を、隣接科学や各応用面分野で活用するための診断図として、「植生図(vegetation map)」があります。植生図の研究は、すべての群落について、その植生を通しての、あるいは植物群落を通しての立地の生産性その他を調べる、その可能性の基本であり、それを面的に広げるのが植生図です。

したがって植生図は、環境保護の基礎としても、もっとも重要です。ブラウン・ブロンケの植物社会学的な研究の成果として、群落の研究、またはその国際的に比較しうる各群落単位の決定と、その体系化が進められてきました。このようなブラウン・ブロンケの研究法は、すべての大陸においても利用が可能であり、進められています。これこそどこにおいても地球規模で比較研究・応用・利用が可能な、もっとも広域的なメッセージともいえます。種の組み合わせを基礎にした植物群落体系を面的に示した植生図は、したがって地域から地球規模で各植生単位、植物群落の比較可能な情報を濃縮したものともいえます。すなわち群落生態学として、それぞれの地域の潜在的生産力を量的にも質的にも活かし、さらに〝生きた構築材料〟として防災、環境保護・再生に不可欠な診断図・処方箋として利用することも可能です。このように、それぞれ異なる環境の質を、さまざまな地域や国の植生を通して判定する可能性ももっており、そしてもっとも大事なことは、植生は生態的にも、精神的にも人間の生存・生活に貢献し、役立つということです。植生図はこのような、すべての植物群落に対する知識を含んでおり、その面的な広がりを具体的に表現することができるのです。

私の作ったストルツェナウのドイツ国立植生図研究所は、このような植物社会学的な調査・研究、それによって得られた群落単位を面的に示す植生図化を行っています。それは単に今目に見える植生を対象とした「現存植生図」だけでなしに、もし今、人間の影響をストップしたときの自然環境の総和が支える「潜在自然植生」を図化したものの、それらの両方の植生図があります。小縮尺から大縮尺まで、このような植生図は、隣接科学の発展や応用分野の、あらゆる面で利用が可能です。この現存植生ならびに潜在自然植生の把握や植生図化は、ドライブ・マップともいえます。すなわち、これからの環境問題や、土地の生物的生産性を、安定して積極的に利用するための利用法の宝庫なのです。植生を使ってのあらゆる研究、さらに応用面でも可能性を持っているのが、植生図です。

私たちはこのような目的にしたがって、植生科学的な知見を、具体的・応用的な面で充実させています。ブラウン・ブロンケの概念による植生学の発展、そしてそれを基礎にして、新しい土地利用、さらに環境の保護・保全・再生の基礎として役立たせること、そういったことを私の研究所を訪れ、共に学んだ多くの日本の若い研究者が、また他の国々からも多くの人たちが来て、研究しています。

植生図は、このような隣接科学の研究ならびに環境保護・回復に対する応用面についても、非常に確かなガイドラインであり、また診断図であり、防災・環境保全林などの森や植生の再生・創造の処方箋なのです。またさまざまな人間活動の中で、土地本来の緑が守られているのか、人間の健全な持続的生存環境が守られているか、劣化しているか、破壊されているかの判断の指標にもなるのです。

植生図

このような方法で、その立地条件をメカニカルに、個別に、水分条件や土壌条件などを調べると同時に、植物群落単位を、あるいは個々の植物を指標として、それぞれの地域の個別立地の、たとえば水分条件、土壌条件がどうであるかということも、植生および植生図からある程度判定できます。もっと重要なことは、それぞれの地域の総合的な植生診断が可能であるということです。また合理的な土地利用、自然環境の再生・回復の処方箋としても、さまざまに利用できます。

このように、地球規模で比較可能なブラウン・ブロンケの植生単位の決定、私の植生図化の方法によって、現地植生調査で得られた植生単位の現場からの植生図、すなわち「現存植生図」、ならびに「潜在自然植生図」とを対比したときには、個々の土壌の水分とか酸性度とかいうふうな、あるいは気候条件などの個別の環境要因の限られた時間での測定よりも、トータルな——植物の種類や、群落の配分を通して——総合的な立地診断が可能であることもきわめて重要です。現在の植物群落の配分を地図化した「現存植生図」は、その土地の現在の立地条件、環境条件の総和をいのちの側から示した植物群落単位によっても、立地診断、あるいは他との比較も可能です。また、それを時間系列で見ると、どのようにその植生が変化したかもわかります。いわばそれぞれの立地の現状診断図として、あるいは過去、さらには将来との比較の対象としての基本図としても、きわめて重要ですし、役立てられます。

現存植生図と同時に、もし人間の影響が今ストップしたとするときの自然環境の総和が支えるはずの潜在自然植生図の調査・研究は、ヨーロッパではすでに大部分の国で行われています。そして日本では、ブラウン・ブロンケの植物群落体系の概念を基礎にした潜在自然植生図が、幸いにもアキラ・ミヤワキの活動によって、個々の植物群落単位と、地図上にその具体的な配分を示した現存植生図とともに、多くの同僚とともに作られています。と同時に、それを環境の保護・再生にはじめて本格的に適用しているのは、特筆すべきことです。

さらにいろいろな種類の植生図が、特に潜在自然植生と、植生図を基礎にした土地の総合的な潜在生産性との関係からは、農業、草地管理、水質資源のマネジメント、さらに森林の形成などに、具体的に処方箋として役立ちます。また、現存植生図と潜在自然植生図を比較してみることによって、その土地の緑の環境が正常であるか、あるいはさまざまな人間活動によってどのように劣化され、また破壊されているかの物差しとしても、それぞれの地域の自然度図としても利用できます。これは植生図を比較することで、本来の緑の自然環境が人間活動によってどのように変化しているかがわかるということです。すでに日本ではミヤワキのグループが進めています。また、Ｋ・Ｈ・ヒルブッシュは、広域的に北西ドイツの各地で、植生図の応用図として「群落自然度図」を作っています。これは具体的に農林地や草地、また森林として利用しているところで、改善の余地があるか、その群落複合体を、潜在自然植生図と現存植生図とを比較をしながら進めているのです。このように、基本的な、地球規模で比較可能な群落体系をもとに、それを図化した植生図が、多面的に、具体的な土地利用や環境の保護・再生・修復に役立っています。

〝生きた構築材料〟としての植生の、これからのもっとも重要な利用法、それは現存植生と潜在自然植生を比較しながら、それぞれの地域の環境がどうあるべきか、自然災害に対してどのように対応できるかということです。今まで主として使われてきた〝死んだ材料〟、一時的な材料である石、鉄、セメントその他は、時間の経過とともに必ず劣化し破壊されます。したがって、絶えず管理し、やりなおさなければいけないということです。一方、土地本来の植物群落は、正しく使えば自己再生し、いつまでも植生そのものによって、時間とともにより確実に発展していきます。また、落ち葉などの有機物は、腐植土を形成し、土壌を改善し、さらによりよい土地本来の植生・森林が形成されるのです。土壌も、土地本来の景観も、そして豊かな自然環境も、すべてを守る最高の方法だと考えます。〝生きた構築材料〟としての植生を、植生学的・植物社会学的な現地調査を基礎にして使いきることが、これからのもっとも新しい、重要な植物社会学的な研究の目的であり、応用であり、大事なことではないでしょうか。

植生こそは、地上のヒーリング――いわゆる健康な皮膚なのです。したがって、この健康な地球の緑の皮膚ともいえる植生は、それぞれの土地の固有の生物的生産の母体なのです。生物集団・社会の掟を正しく理解し、環境保全のために〝生きた緑の構築材料〟として植生を利用することが、これからもっとも好ましく大事であり、重要です。植物こそ、もっとも健全で長持ちする、管理費のいらない、〝生きた緑の構築材料〟なのです。

ただしその場合は、生物社会・植物社会の掟にしたがって、樹種の選択をし、植え方を選ばなければなりません。その他、それぞれの将来の計画によって――たとえば森の場合は多層群落にするなど――、そのような新しい群落がどのように管理なしで続けられるか、いのちと大地を守り続けられるかということも検討しなければなりません。このことは必ず具体的に対応できるはずです。

環境保護のための「植物社会学」の重要性

植生を〝生きた緑の構築材料〟として使う。これは時代とともにますますこれから重要になってくるはずです。しかし、その際、その材料（種類）を十分、植物社会学、植物群落の法則（掟）

にしたがって選択し、対応し、そして植えていくことが重要です。〝生きた緑の構築材料〟である植生を使って、環境の保全・再生・防災に役立たせるために重要なことは、すべて画一的にやることはむしろ危険であり、万能ではないということです。十分にそれぞれの地域の現地植生調査をし、その土地の潜在自然植生の「主木群」を中心に進めていくことです。

たとえば、ドイツなどヨーロッパ大陸の北海や、日本の北海道のサロマ湖やアツケシ湾のような、定期的に塩水につかる冷温帯の塩沼地の潜在自然植生は、サンゴに似た小型草本植物で、サンゴソウとも一般には呼ばれているアツケシソウ、海岸砂丘の最前線ではコウボウムギ、コウボウシバ、ハマエンドウなど、北海道ではエゾノコウボウムギ、ハマニンニクなどです。これらの潜在自然植生の構成種群を選んで、まず海からの飛砂を止めます。その後ろに耐塩性の低木、ついで高木というように、植物社会学的な空間的な秩序に沿って植えればまちがいないはずです。

私たちはすでに四十五年前から、第二次大戦でほとんど破壊しつくされた北西ドイツのハノーファー、ブレーメン、オルデンブルクなどで、植物社会学的な現地植生調査をし、それぞれの土地の潜在自然植生にもとづく樹種を植え、土壌の浸食、冬のきびしい季節風などにも耐えるように、土地にあった落葉広葉樹のオーク、ヨーロッパミズナラ類、日本では北海道の海岸に植えてあるカシワなどの類を植えています。さらにわれわれは、すでに海岸の砂丘の管理だけでなしに、アウトバーンや鉄道線路沿い、さらに運河沿いなどにも斜面保全、土壌の侵蝕を防ぐために積極的に潜在自然植生にもとづく木を植えていき、その森はすでに十分生育して、防災・環境保護のための、土地本来の緑の景観形成などの多彩な機能を果たしています。

日本では数年前から新日本製鉄で、製鉄所の周りに緑の壁をつくって、人間活動による公害や、台風による高潮、潮害その他の自然災害に耐えるように、さらに社員や周りの人たちの豊かな感性・知性を守るように、土地本来の景観を形成し、豊かな生活を保証し、生理的・精神的にも快い総合的な緑環境をつくるための森づくりがはじめられています。

プロフェッサー・ミヤワキは、私たちの研究所から帰国して、潜在自然植生の概念を理解し、日本の各地に残されている神社、お寺の古い社寺林などの植生調査から、それぞれの地域の潜在自然植生を現地調査から把握し、それぞれの地域に応じた、遷移を通してでなしに、直接に土地本来の森をつくるためのポット苗からの森づくりをはじめています。

この実験は、単なる実験ではなく、土地本来の緑（森）づくりの本番を兼ねた実験的な試みなのです。理論であると同時に、実行することは、われわれの研究所のもっとも重要な、将来志向の課題の基本です。それは単に森が、公害や環境汚染の指標となるだけでなく、環境を破壊し、われわれの生存環境を破壊する危険性、公害や暴風などの災害に対して、積極的に〝生きた緑の構築材料〟としての保護機能を果たすということです。そして必ず時間とともに、より確実に防災・環境保全の機能を果たしていき、より間違いのない、健全な森になることを期待し、私たちはその基本的な質が向上し、さらに量的にも大きくなることを期待しています。

日本の植生科学

おそらくみなさんは、このような日本の現状を見て、驚いたり、あるいはイライラしているかもしれません。しかしわれわれは、環境要因のみでなく、植物群落はその土地の立地条件にあえば、確実に生育・発達すると断言します。われわれ植物社会学者は、種の組み合わせによって植物群落を決定するブラウン・ブロンケの方法によって、まず地球規模で比較可能な、植生・植物群落の単位の決定・体系化を行っています。そのより確実な成果を得るためには、すべての植生調査に際して、調査区内の全出現植物の種名が正しく把握されなければなりません。したがってまだフロラの研究が十分進んでいない場所での、このような植物社会学的な研究、さらに植生図化、その利用は困難です。個別の実験などで、ある植物とある環境要因などとの個体生態学的な実験・研究の場合だけなら別ですが。

日本の植物社会学者は種の組み合わせについて、フロラや植物の名前について、ヨーロッパの各国と同じようによく知っており、しかもヨーロッパよりも種類が多く、豊かな国です。幸いにも古くは、かつてはヨーロッパやロシアの研究者によって、そして最近ではすばらしい日本の分類学者である牧野富太郎、大井次三郎、原寛、館脇操、北川政夫、北村四郎、堀川芳雄らが、すでにほとんど日本列島のフロラ、植物名も調査・把握しています。たとえば、私たちの尊敬する天皇陛下が「フロラ・ナスエンシス（那須の植物のフロラ）」について東大出版会から一九六二年に出されているというような、すばらしい国なのです。したがって海外の植物社会学者も、日本の分類学者と、あるいは植物種名のわかった方といっしょに植生調査をすれば、十分に植生調査・研究に対応できるのです。

日本の植物社会学者たちは、このような分類学者の協力を得、そして分類学的な基礎のもとに植物社会学的な方法を使って、日本列島の各地で植生調査を行っています。最初は鈴木時夫教授、湿原植物は広島大学の鈴木兵二教授、その他多くの人たちです。ミヤワキは当時学生で、応用植物社会学を私の研究所で研究していたころに、地球的視野で分類学的研究にはげんでいた若き大場達之らの協力を得て研究をおこなっていました。そして彼はこのような植物社会学的な理論的・実証的な研究、植生図作成だけでなしに、それを基礎にして、世界ではじめて環境の保護、防災・環境保全林の形成に手をつけているのです。私の愛弟子、というより友人弟子といえます。彼が広い視野で行っていることを、国際的な植生科学の発展のために大変喜んでいます。私はこのように、植物社会学的な知見をもとに、新しい防災・環境保全林つくりに応用した植物社会学者を、全世界でまだ彼ミヤワキ以外に知りません。

ブラウン・ブロンケの「植物社会学（Phytosociology; Pflanzensoziologie）」の概念は、一九二八年に出されていますが、それを応用してドイツでも植物社会学的・植生学的な研究が行われています。それを直接に環境保護の森づくりに利用しているのが日本なのです。それを支えている日本の企業や行政、そしてプレスも含めた多くの人たちのサポートに、心から感動しています。しかし、まだ始まったばかりです。ますます人間活動によって環境危機は劣化・悪化していきます。その先進国である日本で、客観的・理論的・科学的な基礎に立った森づくりが進められているのです。それをサポートされている各界のみなさんの先見性・決断力に高い敬意の念をもっています。そしてミヤワキとともに研究・実践活動しているワーキング・グループのみなさんもすばらしい。それが世界ではじめて日本で、私たちの植物社会学の方法を具体的に使っているという実例なのです。

ミヤワキの志は石のように固い。だから彼のニックネームは〝イシ〟です。

結論

人間活動が活発化し、技術が発展するにしたがって、ますます深刻化している環境の劣化、それにともなう自然災害などのトラブルに対して、われわれはあくまでもそのような人間生存環境の悪化の活動に対してストップをかけたい。と同時に、新しいわれらの地球の、生物圏の中での永遠に変わらない自然の方式に沿って、新しい緑の環境の創造が求められています。最後に私の基調講演を、イギリスのフィリップ殿下がワールス・ユニバーシティの科学・技術研究室で、一九七三年十一月に言ったことでまとめにしたいと思います。

「われわれは地球上の生物圏の一部品にすぎません。多くの生きものたち、そして私たちは、好むか好まざるかにかかわらず、最新の自動車よりもネズミと同じなのです。われわれ人類は、今やこの地球上のすべての生物集団より強い力をもっています。だからこそ、この地球上のすべての生きものに対して責任をもっていると、私は確信しています。悪化する人間生存環境に対して、他の動物・植物が共存できるようにしなければなりません。そして人類のすべての将来の世代が、現在のように非常に危険な状態から脱して、直接には関係ないようにみえる動物・植物が、すべての生きものが健全に生きていくようにやっていかなければならないのです。私は正直に申し上げます。もし、人間社会でどんどん人口が増えていくと、このままいけば、危険です。我々はすべての欲望を抑制し、そして十分に、確実に、政府も企業も、そして環境保護家、自然保護家も、未来に向かってまちがいのない計画を立てなければなりません。」

また、動物生態学者のドクター・ゲハルト・シュワーベの警告の言葉には、次のようにあります。「今や最後の、そして唯一の救いができるかどうか。単なる〝死んだ材料〟による技術的な発展だけでなしに、さらに生きた材料を積極的に使う方向に、舵《かじ》をきらなければなりません。われわれ人類には、破壊された環境を直すという、倫理的な義務があるのです、地球の王者としてふるまっているわれわれには。人間の健全な生存はもっとも重要なことであり、そのために今こそわれわれの生活空間、すなわち環境が、ふたたび健全になるように努力しなければなりません」。

われわれは科学者として、研究者として、すべての人間の技術的活動の限界を見直さなければなりません。日本にはすばらしい精神的な長い文化の歴史があります。このすばらしい国のやさしい人たちによって、文化と技術がうまく統合されて、われわれすべての科学的な能力が、日本の伝統的な、自然と共生した生き方を見直してくれることを望みます。そしてさらに、まちがいのない未来のために、われわれすべての生きものが共に生きてゆくことを、感謝の気持ちをもって、ここにみなさんに訴えるものです。

(Reinhold Tüxen　国際植生学会ジェネラル・セクレタリー)

一九七四年六月五日、東京経団連国際会議場にて

(宮脇昭訳)

以上は、ちょうど今から四十年前の、日本ではじめて開かれた国際植生学会日本大会での、チュクセン教授の言葉です。まさに四十年先の現在の、毎月のように起こる自然災害――それも基本的にはさまざまな新しい人間活動が直接、少なくとも間接的な遠因になっているかもしれないが――その現状を見通したような、先見的な、すばらしい提言・提案・讃辞です。またその時はまだ、私は初めて新日鉄ではじめたばかりの森づくりが、今や国内・海外で千七百か所、四千万本以上の木を植えており、東日本大震災の跡地でも確実に育ちつつあります。今や、国家プロジェクト、全国民運動として、国民のみなさんで、企業も、各行政機関も、各種団体も、そしてなによりも一人一人の国民のみなさんが未来に向かって努力しています。事実、現実を予言した説明と提案です。ぜひ、あらためてじっくりと読み直していただきたいと思います。今日、今からの実行、実現を、共に前向きに、いのちの森づくりに取りくんでいきたいと願っています。

（宮脇昭）

天皇皇后両陛下へのご進講（二〇一二年七月五日）

序章　日本人と鎮守の森

東日本大震災後の防潮堤林について

本論稿は、二〇一二年七月五日、皇居で一五時〜一六時五分まで、天皇皇后両陛下にご進講された内容である。

文明、科学・技術と自然災害

人類は、地球上に出現して五〇〇万年と言われていますが、そのほとんどを森の中で生活していました。太古の昔から豊かな恵みの森は人類の生存・生活の基盤でした。人類は二足歩行をし、両手を自由に使って、最初は土や石、次いで銅や鉄を使って道具を作り、やがて文明をつくりあげました。他の動物たちとは比べものにならないほど大脳皮質が発達したため、記憶し、思考し、知識を蓄積して、ものを総合的に考えることができました。そして科学・技術を目覚ましく発達させましたが、それに伴い自然の森を破壊・消滅させていきました。

現在では原子力まで利用して、地域差はあるものの、先達が夢にもみなかったほど便利で豊かな、物や食べ物、エネルギーがあふれた生活を、私たちは手に入れています。いわば今、人類は最高の条件下にいます。

この最新の科学・技術を駆使して、自然災害に対する予測や対策も十分行われていたはずです。かつて幾度となく津波の被害に見舞われている釜石では、世界最大の水深（六三m）を誇るコンクリートの防波堤（全長二km、海面からの高さ八m、幅二〇m）も完成していました。しかし先年（二〇一一年）三月十一日、東日本大震災に伴う予測を越えた大津波に耐えきれず、破壊されてしまいました。千年に一度といわれる大震災によって、二万人近い方々のいのちが一瞬にして奪われています。

人間の力の到底及ばない自然の脅威を今さらのように感じ、最も大事なものはいのちであるということに改めて気付かされた今日この頃です。

森の機能と鎮守の森

およそ四十億年前に地球に誕生した原始のいのちが、よくも切れずに今日までつながり、今私たちは、長いいのちの歴史を未来に伝える一里塚としてこの時を生かされています。かけがえのない私たちの遺伝子ＤＮＡを未来につなぐ緑の褥《しとね》が、土地本来の〝ふるさとの木によるふるさとの森〟です。

ふるさとの森は、高木層、亜高木層、低木層、草本層からなる多層群落の森で、緑の表面積は単層群落の芝生などの三〇倍あります。緑の植物は、地球の生態系の中で唯一の生産者であり、緑が濃縮している土地本来の森は、消費者である人間をはじめとするすべての動物の生存の基盤となっています。また、深根性・直根性の常緑広葉樹からなる森は、多彩な環境保全、災害防止の機能を有し、生物多様性を維持し、炭素を吸収・固定して地球温暖化抑制の働きも

静岡市内の神社の鎮守の森

しています。

しかし土地本来の森は、世界的には、何百年にもわたる家畜の林内過放牧によって破壊され、また都市化や農地化によって激減しています。日本人も集落や町、農耕地をつくるために森を伐採しましたが、一方では世界で唯一、新しい集落、町づくりの際には必ず、ふるさとの木によるふるさとの森——鎮守の森——を残し、守り、つくってきました。しかしこの鎮守の森も、近年減少の一途をたどっています。神奈川県を例にとれば、二八五〇あった鎮守の森（社寺林）が、現在ではわずか四〇しか残っていません（宮脇、藤間、鈴木邦他「神奈川県社寺林調査報告書」一九七九）。

災害に弱いマツ類、強いシイ、タブノキ、カシ類

大震災の直後から、私たちは被災地の現地植生調査を続けています。海岸沿いに植えられていたマツの単植林は仙台平野などではほとんど根こそぎ倒され、それが二次、三次の津波に数百メートルも流されて、家や車に大きな被害を与えました。ところが、南三陸町や大槌町などの鎮守の森はしっかりと残っています。急斜面に生えている土地本来の樹種であるタブノキ、ヤブツバキ、マサキなども、斜面の土砂が津波に洗われて太い直根や根群が露出していますが、倒れずに津波を抑えています。

新日本製鉄の釜石製鉄所には、私が協力して、三十年前にタブノキ、シラカシなどをエコロジカルな方法で植えてつくった森があります。海岸沿いの樹林は港をつくる際に整理されましたが、後背地の樹高一〇m以上に生長しているシラカシは、林内の幼木やヤブツバキ、マサキ、ネズミモチなどとともに、地震後も残っていました。本物とは、厳しい環境に耐えて長持ちするものです。

根は露出しているものの、しっかりと立っているタブノキ（宮城県南三陸町）

マツの単植林は、根こそぎ倒された（仙台平野）

海岸沿いでも、土地本来のタブノキはしっかりと根をはっている

危機をチャンスに——九千年続くいのちの森を

日本は自然豊かな美しい国です。同時に、大地震、大火事、大津波、台風、洪水など、自然災害も極めて多い。大事なこと、今すぐやらなければならないことは、一億二千万余の国民のいのちと国土を守るために、危機をチャンスとして、次の氷河期が来ると予測される九千年先までもつ、いのちを守る森をつくることであると確信しています。

ハードな施設づくりも大事ですが、同時に、日本人が四千年来新しい集落、町づくりの際に行ってきた鎮守の森づくりの伝統的な知見と、まだ不十分ですがいのちと環境の総合科学、エコロジー（植物生態学・植生学・植物社会学）の研究・成果を踏まえて、あらゆる自然災害に耐える本物の森、二十一世紀の鎮守の森をつくることが重要です。私たちは、今すぐできるところからこのエコロジカルな森づくりを行いたいと、各分野の方々に提言し、協力を求めています。

海岸沿いで被害を受けたのだから町を高台に移転するべき、などと言われています。しかし人類文明の歴史を見れば、メソポタミアもエジプトもギリシャも、そして現在でも、ロンドン、ニューヨーク、ボストン、東京、横浜、名古屋、大阪、福岡など大都市をはじめ、中小都市も多くが海岸・河川沿いに位置しています。海岸沿い、河川沿いは、生態学的に最も豊かで住みやすいところです。山の迫った日本で、一時的に高台に移転しても、十年、二十年経ったら、一人下り、二人下りして、三十年経つと商店や学校、会社、病院などみんなまた海沿いに戻ってくるでしょう。今まで何世代にもわたって住んでいたところが一番住みよいのです。そこで何があっても生き延びることが大事です。

物理学者寺田寅彦（一八七八―一九三五）が言っているように、災害は忘れたころに必ずやってきます。市民のいのちを守る森づくりを、今すぐできるところから進めていきたいと願っています。

ガレキの多くは地球資源

大震災で生じたガレキの処理に、政府も地方も困っています。このガレキは使えます。もちろん毒は排除しなければなりませんが、使えるものは使う。私たちが現地調査したところ、ガレキの九〇%以上は木質ガレキや家屋の土台のコンクリート片などです。それには、何世代もそこで生まれ育ち生活していた人びとの歴史や思い出、亡くなった方々の生きていた証の品々が混じっているかもしれません。人びとの想いがつまっているガレキを日本中に無理やり配って焼却が進められています。木質資源の五〇%は炭素ですから、焼けばCO$_2$が発生し、地球温暖化を促進する危険性があります。

私はガレキを活かした森づくりを提言しています。被災地の海岸沿いに穴を掘り、そこにガレキを土と混ぜて入れて、できるだけ高いマウンド（丘）を造り、その上に土地本来の樹種の幼苗を植えて、被災した人たちの希望の森、亡くなった方々のための鎮魂の森、いのちを守る二十一世紀の鎮守の森をつくるのです。ガレキを土と混ぜると通気性のよいマウンドができ、根も呼吸していますから、樹木は健全に育ちます。

国交省OBの方の計算では、幅一〇〇m、高さ二二mのマウンドを被災地南北三〇〇キロの

いのちを守る、震災ガレキを活かした 300km の「森の防潮堤」構想

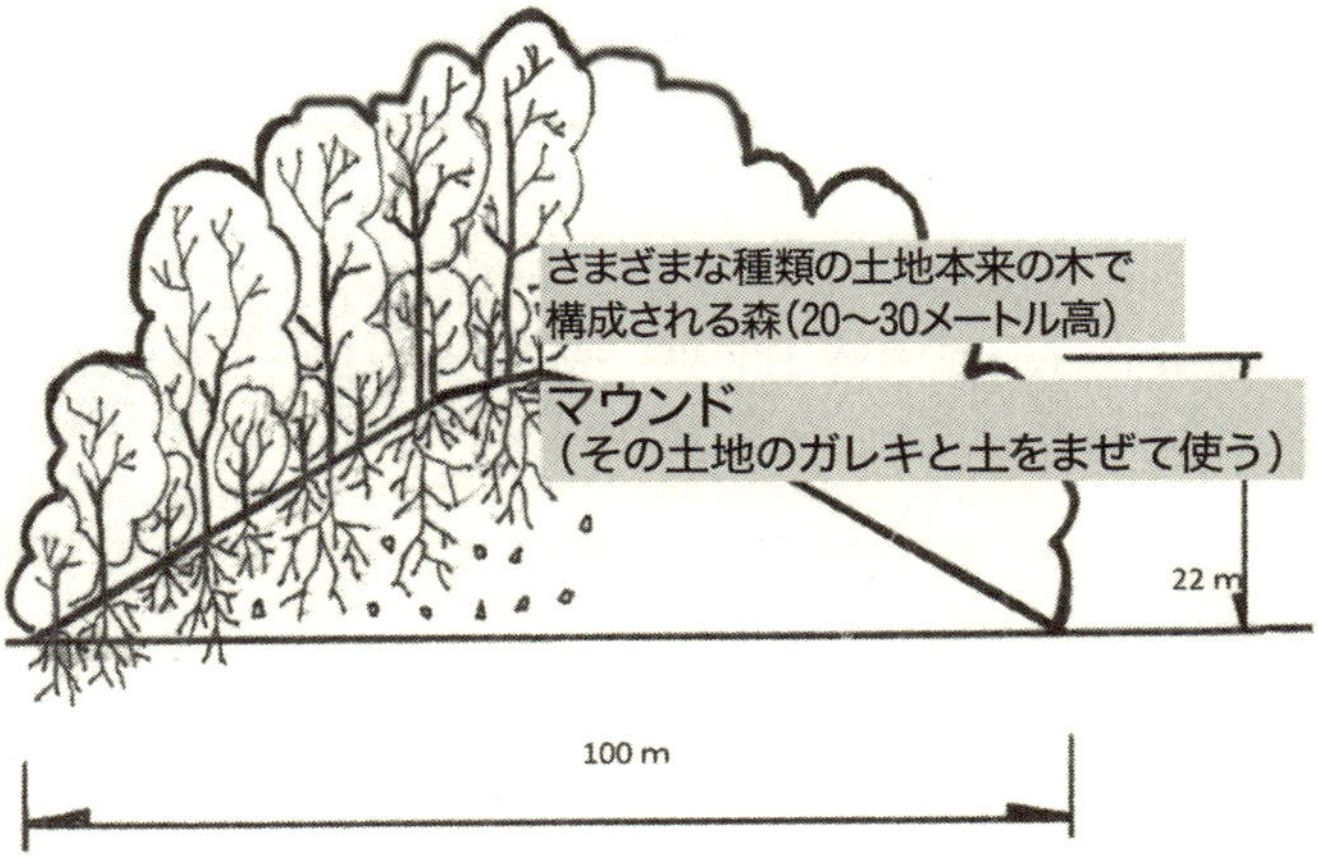

森の防潮堤の部分図（上下ともに Miyawaki, A. 2014: Phytocenologia 44(3-4) p.242-243 から引用）

海岸沿いにガレキのすべてを土に混ぜてつくるとすれば、ガレキはそのマウンドの総土量のわずか四・八％にしかならないようです。

毒は排除しなければいけません。それは当然です。しかし、今家庭の台所から出る生ごみなどまですべて一般廃棄物として画一的に焼却処理を義務づけた法律は、昭和四十六年、ＤＤＴなど毒性の強い農薬の垂れ流しなどでドジョウやメダカ、タニシなどがいなくなったころに作られたものです。現在私たちが使っている家具や柱などは、すべてを焼却しなければならないのでしょうか。今後は、できるだけ地球資源として森づくりのマウンド形成などに使わせていただきたいと願っています。

国家プロジェクト・全国民運動として

幸いにも、以前熊本県で一緒に森づくりを進めた細川護熙元総理も、ガレキを活かした森づくりに種極的に協力してくださっています。私たちは野田総理大臣・平野復興大臣・細野環境大臣（いずれも当時）などにも直接会ってお願いしました。みなさん熱心に聞いてはくれましたが、行政的なシステムが巨大すぎるからか、なかなかことが進まない。その間に、貴重な地球資源であるガレキがどんどん焼却されていきます。ぜひ今すぐ、震災ガレキといわれる地球資源を積極的に使い切って、土と混ぜながらほっこらとしたマウンドをつくり、森づくりを進めたい。

植物の生長に欠かせない酸素が土中に十分含まれるようにするために、ガレキを入れることは有効です。高価な成木は植えない。確実に生長する土地本来の潜在自然植生の主木群、鎮守の森に生き残ってきた常緑広葉樹の高さ三〇cmほどの幼苗を、自然の森の掟にしたがって混植・密植します。

大事なことは樹種の選択です。マツも大事ですが、マツだけを植える単植林は災害防止の機能は弱い。植物の進化から言えば、今から三億年前は、植物は、化石燃料といわれる石炭・石油の元となったシダ植物の全盛時代でした。そのあと植物はゆっくりと進化して、裸子植物のソテツ、イチョウや、スギ、ヒノキ、マツなどの針葉樹の時代となり、現在は被子植物の時代です。樹木でいうと、太平洋岸側では釜石、大槌町の北までは、葉が広く常緑で、根は深根性・直根性の照葉樹（常緑広葉樹）です。一九七六年の酒田の大火事の際に火を止めたというタブノキをはじめ、アカガシ、ウラジロガシ、シラカシ、ヤブツバキ、シロダモなど、さらに南に行くとスダジイなどが土地本来の森の主な構成樹種群です。

この主木群を中心に、それを支えるいずれも常緑広葉樹のヤブツバキ、モチノキ、ネズミモチ、ヤマモモ、カクレミノなどの亜高木、低木のアオキ、ヤツデ、ヒサカキなどできるだけ多

山形県酒田の大火事を止めた、本間家のタブノキ

くの種群を選択します。そして根群が容器内に充満するまで半年か一年かけてこれらのポット菌を育苗し、自然の森の掟にしたがって混植・密植します。三年経てば管理費が要りません。あとは自然淘汰にまかせれば、十年で十m、二十年で二十m近くに生長し、いのちを守る防災・環境保全林になります。

南北三百キロ、幅百mのマウンドに平米三本の割で根群の充満したポット苗を植えて森をつくるとすれば、私たちの計算では、ポット苗は九千万本必要です。一度にはできません。

私たちはできるところから始めようと、大槌町や仙台平野の岩沼市などで、先見性と決断力をもった首長のもと試験植樹という形で植樹祭を行いました。全国から集まったボランティアの人たちや細川元総理たちと共に植えた苗はしっかりと根づいていています。

国内外千七百カ所で四千万本以上の植樹——鎮魂と希望の〝平成の森〟を世界に

このいのちの森づくりは、資源の少ない日本が、そのプロセスと成果を世界に発信することのできる未来志向のプロジェクトです。南北三百キロの森の長城は、地域の人たちのいのちを守る森、訪れる人たちに学びと癒しを与える森、緑豊かな地域景観の主役となり、地域経済とも共生する森、九千年残る本物の森です。このような〝平成の森の長城〟をみんなでつくっていきたいと願っています。

これまで四十年間、国内外千七百カ所で四千万本以上の幼木を、先見性をもった企業、行政、各種団体、そしてなにより多くの市民のみなさんとともに、土地本来の樹種の苗木を植えてきましたが、いずれもどんな災害にも耐えていのちを守る森に生長しています。そして大きくなった樹木は、ドイツの林業のように八十年伐期、百二十年伐期で択伐すると、広葉樹のケヤキでも一千万円以上で売れると聞きますから、地域経済に寄与します。

日本人一人ひとりが、自分の、愛する家族の、日本の国民のいのちを守るため、そして本物の緑豊かな国土を守るために、自ら額に汗し手を大地に接して、小さな苗を植えていく、その成果とノウハウを日本から世界に発信していきたいと願っています。

現在八十四歳（当時）ですが、宮脇昭は今後もがんばります。生物学的には女性は一三〇歳、男性も一二〇歳まで生きられるポテンシャルをもっています。何もしないと退化します。私も少なくともこのプロジェクトが実現するまで、みなさんと共に木を植え続けることを公言しています。

今回畏れ多くも貴重な機会を与えていただいたことを心から感謝申し上げます。ありがとうございました。

第1章

「見えないもの」をどう見るか？

中国山地の山あいの農家に生まれて

戦前、戦中、戦後を生きてきた私の、これまでの生き方を支えたものは何であったかを、まずお話ししましょう。私は岡山県、当時の川上郡吹屋町大字中野の宮脇家の四男坊として生まれました。現在は高梁《たかはし》市と呼ばれています。生家は、集落の中心である御前《おんざき》神社という無人の神社《やしろ》から、尾根筋に五百メートルほど上がった高台にありました。昭和三年（一九二八）に生まれた私は、現在では数少ない、戦前、戦中、戦後を生き延びてきた一人だと思います。

みなさんがどんな所で生まれ、どんなに厳しい条件であっても、たとえ誰にも相手にされないような立場であっても、必ずあなたにしかできないことがあるはずなのです。宮脇昭の生き方を一つの参考にして、あなたの潜在能力を発揮してやれば、それはあなた個人のためだけでなしに、日本社会、人類のために役立っている、そういう自信をもってがんばっていただきたいと思います。きわめて素朴であった、そして今ではほとんど過疎化している、中国山脈の海抜四百メートル付近の山あいの農家の四男坊として生まれた私の生き方を通して、考えていただきたいのです。

子供の時、周りは急斜面の山間ですから、毎年、柴刈りをし、薪《たきぎ》を取りました。そのあたりはいわゆる里山の雑木林であって、また花崗《かこう》岩地方であった岡山県中北部山間地は土地がやせているので、アカマツ林、モウソウチク林、マダケの林に囲まれたようなところでした。そして少し緩やかなところは畑で、谷あいの、今考えるとよくあそこまで平らにしたなと思われるような小さな谷沿いにも田んぼをつくり、曲がりくねった、傘の下に入るような田んぼで、コメをつくって生活しておりました。

農家の方は、朝から晩まで草取りに苦労していましたが、身体の弱い私は三歳の時に脊椎カリエスをし、腎臓炎をして、一年間に一学期も学校に行くことができませんでした。そんなふうであった小学校一年生、二年生のころを思い出すと、今ではそのころには夢にも見なかったほど長く生きているなと思います。そしてさらにまだこれからも前向きに生きようと、自信をもって日々をすごしているのです。

子供のころの思い出としては、当時、岡山県の私の田舎では、海を見た子供は誰もいませんでした。小学校一年生の時、女学校を出たばかりの代用教員の藤本文子先生に「海を見た人はいますか」と聞かれて、手をあげた子はだれもいません。「汽車に乗った人はいますか」と聞かれて手をあげたのは、私を含めてたった二人でした。「無塩《ぶえん》の魚」（保存のために塩を使っていない、新鮮な魚）など、一年の大部分の間、食べたこともありませんでした。

当時の吹屋町は、昔は銅山、ベンガラでにぎやかな時もあったようですが、そのころはベンガラもほとんど操業を停止していました。小さな田舎の集落でしたので、吹屋町を含めた川上郡の十四の町村の中で、鉄道が通っているのは、岡山から鳥取の米子までの伯備線が、たった十四メートルだけだということを聞きました。

また当時は私の田舎では、「町」といえば高梁でした。松山城があって、臥牛山《がぎゅう》という山があって、夏の盆踊りに母親につれられて行ったのを憶えています。「都市」といえば岡山で、岡山の操山《みさおやま》という山の公園できつねうどんをいただいて、「こんなおいしいものがあるのか」と思ったのを、今でも憶えています。さらに、「大都市」といえば叔父たちが住んでいた京都、大阪で、東京などは当時の私の考えの外であって、ちょうど今のロンドンかパリ、ニューヨークのような感じでした。

子供のころは、日本は戦争一色でした。シナ事変、またそれが拡大して、当時は大東亜戦争といっていた太平洋戦争。農家のやんちゃ坊主の子供たちといっしょに、小さなササで笹鉄砲を作って戦争ごっこをして遊んだことを憶えています。「絶対に日本が勝つ」と思いこんでいたのが、神風は吹かず、完全に敗北して、昭和二十年（一九四五）に無条件降伏をしました。

農家の苦労を見て、雑草生態学へ

私が生まれた小村は、岡山県の中国山脈南側の山あい、海抜四百メートル前後のところです。川もないので、私は泳ぐことはできません。そのような山あいに生まれましたが、周りはすべて、緑、緑、緑。

物心つくころから、目が覚めて起きて庭先に出ると、前には、当時マツタケがよく出ていたアカマツ林。はるか谷を越えて東側には、城山《じょうやま》という——その面影は今はもうないが——やはりマツ林と、クヌギ、コナラ、エゴノキなどの落葉広葉樹の雑木林。東側はスギ、ヒノキの植林とモウソウチク林と、もう少し細い、マダケの竹林。五月にはそのタケノコをみんなが掘って、朝から晩までタケノコを食べるような所に育ちました。緑はあり余るほどありました。

子供の時の夢は、いかにもう少し、都会に近づくかでした。二週間にいっぺんぐらい東の空を、大阪から米子に、赤いトンボのような、郵便飛行機と呼ばれる複葉のプロペラ機を見たら、その音を聞いて走ってついていったり、月に一回ぐらい、一里ほど山下の宇治村から山道を登って、トントンと音をたてながら小さな三輪車がいろんなお菓子なんかを運んでくれる、そのガソリンのにおいに都会のにおいを嗅いで、子供たちは夢中でくんくん鼻を鳴らしながらバタバ

吹屋尋常高等小学校の現在（日本でもっとも古い木造校舎として建物が保存されている）

タと走って、うすむらさき色の煙（排ガス）をかぎながら後を追っていた。毎日飛行機の爆音が聞こえ、まわりに汽車や電車が走ったり、自動車がある所に住みたい、というのが夢でした。

しかしその後、東京、横浜を中心にした都市に住むようになって、はじめは夢中であったそういう都会のものではなく、いつの間にか「もう少し本物の緑を」と感じるようになっていきました。生物的な本能でしょうか。「生きた緑」——子供の時に遊んだ、無人の御前《おんざき》さんの「鎮守の森」などの、森にたいしての関心が出てきました。

当時は、周りの農家の人にとって、農作業というのは草取りでした。冬は、私の幼少のころは雪が五十センチぐらい積もっていましたが、雪解けのころになると、あっという間に前の麦畑や野菜畑にも、雑草がいっぱい出てきます。それを農家のおばさんたちは、苦労して、這いずりまわって雑草を取っていたのです。六月に田植えが終わって一週間もすると、今度は田んぼの中に雑草がいっぱい出てきます。裸足でヒルに吸いつかれながら、年に三回、小さな苗の間を両手でかき回しながら草を取って、土の中に埋める。三回目の草取りは、土用の暑さを背に受けながら、ヤブ蚊やブユがいっぱいいるので、ボロを巻いてねじって火をつけて、腰にぶら下げてくすぶらしながら……。

あまりにも農家のみなさんが本当に朝から晩まで草取りして、雑草で苦労しているので、子供心にも、あまり毒をかけないで畑や水田の雑草を抑えられたら、もう少し日本の農家の方は楽になるのではないかと考えていたのです。それが私の最初の博士論文になった、雑草生態学の研究につながりました。私の植物学人生の始まりでした。

農林学校への進学——「雑草では一生日の目を見ないぞ」

私は農家の四男坊に生まれ、兄たちが戦死や病死をしていったので、両親は四男坊の私に家を継がせることを考えたのですが、私は横着で身体が弱くて、とても専業農家では無理だ、きびしい農作業は無理だろうというので、岡山県立新見農林学校に入れてくれました。それが、戦争がはじまった次の年、一九四二年のことで、私は十三歳でした。私自身にも「農林学校の先生でもしながら家を継いだ方が楽ではないか」というのがあったのです。農業系の学校としては、近くに鳥取高等農林、少し離れていましたが山口に獣医専門学校、あとは九州の宮崎高農や、三重県の三重高等農林などがありました。そういう所の高等農林を出た先生が、私の新見農林学校の先生でした。

そして農林学校の三年生の時、終戦の年の一九四五年でしたが、もう少し勉強したいと考え、戦争中だったので両親や先生に「危ない」といわれながらも、きびしい条件ではあったけれども、府中の東京農林専門学校（現在の東京農工大）を受験しました。新見農林学校での私の担任は、東京の麻布の獣医専門学校を出た戸田小一先生で、「東京まで行かなくてもいいじゃないか」といわれたけれども、せっかくならと、夜汽車に乗って、東京に行きました。

東京にいたのは三年間でしたが、もっと勉強したいと考えました。しかし終戦直後でしたから食べ物はなく、東京ではお腹がすいて仕方がないので、郷里から一番近い、当時の旧制の広島文理科大学に入学しました。理学部の生物学科植物学専攻です。

卒業論文というのは、当時の旧制大学ではけっこう大事でした。恩師に「宮脇君、何をやるのか」と尋ねられ、「雑草生態学をやりたいと思います」と答えたら、指導教授が「そうか、雑草は大事だけれども、宮脇、雑草なんかやったら、一生日の目を見ないし、誰にも相手にされないぞ。しかし、おまえが生涯かけるなら、ぜひやりたまえ」といわれました。そしてその通り、七十数年間、もっぱら同じことばかりやっている、私はそういうきわめて泥くさい男なのです。

チュクセン教授からの誘いでドイツに留学

その後、夜汽車を乗りついで、日本中で雑草群落の現地調査・研究をかさねましたが、日本の学者からは、恩師の堀川教授の予測どおり、誰にも相手にされませんでした。

そんな時、私が必死でドイツ語で書いて投稿した雑草群落についての論文を見て、生涯の恩師となったドイツのラインホルト・チュクセン教授から、ある日突然、航空便が舞い込んできたのです。「雑草は、農林業にも大事だけれど、もっとも大事なのは、これからさかんになる人間活動とのかかわりにおいてだ。緑の自然の最前線にあるのが、雑草である。雑草は、草を取るから生えるのだ。したがって、雑草の研究は、将来的に非常に重要である。俺の研究所へ来い」と。

大変うれしかったのですが、当時、私のいた横浜国大の教授の月給が二万円、文部教官でも助手の私は九千円、往復の飛行機代が四五万円であったころでした。結果的にはなんとかして行けることになりましたが、日本航空もドイツ航空も敗戦国ですから、海外に出ることはでき

チュクセン教授と

ません。オランダ航空で、アムステルダム経由で五十六時間かかって、ドイツのブレーメン空港に降りたち、チュクセン教授が所長を務める西ドイツ国立植生図研究所のあるストルチェナウに向かいました。

チュクセン教授のいたドイツ国立植生図研究所は、戦争を避けて、ハノーファーから六十キロほど南のストルツェナウという、小さな人口五千人の町に疎開していたのです。

私がドイツに発ったのは、狩野川台風で多くの方が亡くなった、そのすぐ二日後の、一九五八年九月二十八日、羽田から出発しました。到着した北西ドイツのストルツェナウは、すでに冷たい風が吹き、氷雨が降る寒いころで、教授には着いた次の日から、現場調査に連れ出されました。

「潜在自然植生」との出合い

日本で雑草を調べているときは、雑草以外の緑はすべてが自然の緑だと思っていました。ところが、後でも詳しく述べますが、ドイツで出会った生涯の師、ラインホルト・チュクセン教授に「雑草は、草を取るから生えるんだ、俺の顎鬚みたいなものだ。大事なことは、その土地の自然環境が支える緑である『潜在自然植生』（後述）に応じた土地利用や、土地本来の森の再生なんだ。森の保全が必要なんだ」ということを聞かされて、一生懸命チュクセン教授のもとで勉強しているうちに、それまではみんな自然の緑だと思っていたのが、まったくちがうものばかりであることが分かりました。これは「本物の森」をつくらなければいけない、と思いました。

チュクセン教授から「潜在自然植生」の概念を聞いたとき、私は、見えているものが、あまりにも土地本来のものと違う、と思いました。しかし、たいていの人は、目の前の緑はもちろん自然の緑だと思いこんでいます。びっくりした私は、今大事なことは、今見えるものだけではない、と考えるようになりました。今見えていることはもちろん大事ですが、それだけでは不十分である。現在の不十分な科学・技術ではまだ十分解明されていない「見えないもの」を見る力を、それぞれの土地の潜在自然生産能力としてもっている生物的な能力を顕在化することが大切ではないか、と。

潜在自然植生は、すぐには目に見えません。このような、「目に見えない自然植生」を、どのようにしてでも見きわめなければならない――それが、私のその後六十年余の、世界じゅうの森づくりの基本になっています。最終的には、いのちを守る(防災・環境保全機能)、国土を守る(農地、土地利用、景観形成機能)、本物の潜在自然植生にもとづく〝ふるさとの木によるふるさとの森〟という考えへとつながっていくわけです。

ドイツにいるとき、潜在自然植生の基本になる植物社会学をも学びました。植物社会学の理論的な支えをした、植生地理学者のザールランド大学教授ヨセフ・シュミットヒューゼンには、こう言われました――「今の科学者も研究者も、見えるものだけでやっているが、今大事なことは、むしろ見えないものを見る生物的な本能である。加えて、人間しかもっていない、生物学的には異常に発達した、奇形的な存在ともいえる大脳皮質を駆使して、『見えないものをどう見るか』を考え、具体的に対応するべきではないか。それは、現場に出て、自分の体を測る器械にして、自然がやっている実験結果を、自然が発しているかすかな情報から、目で見、手で触れ、においを嗅ぎ、なめて、さわって調べることだ」と。

シュミットヒューゼンはワインが好きで、ドイツのモーゼルワインを飲みながら、私に、チュクセン教授の現場主義に対応して、その理論的裏付けをくり返し教わりました。

自然の新しい見方——新しい植生調査法で、環境保護に役立てる

私は、当時のドイツ国立植生図研究所所長チュクセン教授に招かれて、一九五八年から二年余り、日本の植物生態学者としてはじめてドイツに留学・滞在し、そこで新しい自然の見かたを身につけました。より確実な植生調査法を、現場で徹底的に身体にすりこまそうと、必死で努力しました。不十分であったかもしれませんが、日本では、おそらく何十年かけても得られなかった植生概念を、何とかすりこまれて日本に帰ってきたと思っています。

その新しい自然の見方、植物群落の調査測定方法は、それまで学んできたこととは全く異なっていました。それまでは、目で見えることを——手で触れ、実測できることを、そのまま受け取っていただけです。「マツが生えているから、マツ林だ」と認識していました。しかし、チュクセン教授から学んだのは、そのマツ林がどのような種の構成によってできているかを、多くの現場で「緑の戸籍簿」づくりともいわれる植生調査をし、国際的な基準によった植生調査結果を「群落組成表」にまとめ、それを何回も繰り返しながら、種の組み合わせが似たもの同士

を集めて、局地的な群落単位をつくる。それをさらに隣接群落と比較し、最終的には地球規模で比較可能な群落単位と、その体系化をする、という方法でした。

そうすると、今までは漠然と、優占種だけによって、たとえば「ヨーロッパのアカマツ林」とか「日本のブナ林」というふうにいわれていたのが、地球規模で、また地域的に比較研究すると、まったく変わって見えてくるということが分かったのです。

すなわち、各植物群落の調査によって、新しい実験、あるいは隣接諸科学分野の比較研究の実験の素材として使うことができるということです。応用分野に必要なものとして、一つのシステムをつくるということです。それが、ローカル（地域）からグローバル（地球規模）での植物群落の比較研究が可能な体系・システムです。たとえば、日本の常緑広葉樹林は、植物社会学的にはヤブツバキクラス（カメリエテア・ヤポニカ Camelietea japonicae, 1963 miyawaki）として、国際的に認識されています。つまり、植物群落単位の、植生体系をつくるということです。

そのことによって、われわれが今見ているものを一生懸命調べるだけではなくて、その成果を、地球規模で他の隣接群落などと比較しながら、自然環境の再生、保全などに利用することができます。自然環境と、さまざまな人間活動とのかかわりの現状を把握することによって、自然の保護、または破壊されているところでは再生・回復に関する個別の資料となるのです。その成果を、地域（ローカル）から広く地球規模（グローバル）に客観的に比較研究し、応用することによって、確実な人間生存と、間違いのない土地利用が可能になります。自然環境において、植生という〝生きた緑の構築材料〟を使えば、いのちの側から、エコロジカルに広く応用、利用できるのです。各地での個別の研究やその成果を、地球規模で比較することができるのです。さらに植物、植生をグループとして見ることで、自然が新しい姿を見せてくれるのです。

自然のシステムの破壊——自然の「揺り戻し」

人間も動物も植物も、必ず起こる自然の「揺り戻し」とも言えるあらゆる自然災害にあって、多くは絶滅したなかで、危機をチャンスにしたり、さらに時には突然変異が起きたりといったさまざまな転変を経て、進化・発展して現在があります。

若いみなさんはご存じないと思いますが、太平洋戦争では、米軍の絨毯爆撃によって、日本の都市はもちろん、道路も橋梁も鉄道も、小さな集落まで、少しでも軍事施設のありそうなところは徹底的に破壊されてきました。そういう状態の中からわれわれは生き残り、きびしい条件のなかから先輩たちが必死で努力して、物質的にも経済的にもエネルギー的にも、今では戦勝国以上にといってもいいくらい発展して、私たちの現在の生活が営まれています。

同じように、植物にも人間の活動の影響によってさまざまな変遷があります。「生きている緑」は地球上で唯一の生産者であり、そして人間も含めたすべての動物は、緑の植物のつくった有機物や酸素によって生き延びてきました。つまり、動物は消費者、正しくは、生きている緑の、その濃縮された森の寄生虫の立場で生き延びてきたといってもよいのです。

そして、死骸も含めてわれわれが排出するすべてのものは、きわめて多くの土壌生物集団によって、何回も何回も分解されてきました。ゆっくりと何度も、分解したものをさらに分解するという状態で、最終的には水に溶けたミネラルの状態にされ、それを浸透圧によって植物の根が吸収して、また新しい森をつくる……という、生産、消費、分解・還元の枠の中で生き延びてきたのです。その輪——ローカルからグローバルの循環システム——の中では、人間が少々自然を破壊したとしても、それは動物や他の生物と同じように、生態系の枠の中でのことにすぎませんでした。もともと人類も、かつては自然の生態系、生産、消費、分解・還元のシステムの中で生きていました。

ところが、今や、ローカルからはるかに地球規模で、自然の生態系のシステムの枠を超えるような人間活動が繰り広げられています。〝死んだ材料〟によって、時にはかつての生態系の枠の中にはなかったものまで引き込んで——例えば核兵器や原子力などの核分裂・核融合などがそうです——、今では夢にも見なかったほどすばらしい、刹那的には快適な環境の中で、エネルギーも食物も豊かな生活を享受しています。そしてその中で、日々を目まぐるしく、「まだまだ足りない、もっともっと欲しい」とがんばっている現状です。

ちょうど私がドイツにいたころ、敗戦国のドイツも第二次大戦で日本と同じように徹底的に破壊されたものですから、彼らも一生懸命復興の努力をし、新しい都市づくりや産業立地づくり、アウトバーン建設などをしていました。しかしその際に、コンクリートなどの〝死んだ材料〟だけではなくて、〝生きた緑の構築材料（Lebendiger Baustoff）〟を使いきって行う研究があったのです。その中心の一人が、私が招かれていたドイツ国立植生図研究所長のチュクセン教授たちでした。徹底的に現地植生調査をし、個々の植物群落が、過去から現在まで、そして今、人間活動によってどう影響されているかを調べていました。また、はじめて第三の植生概念「潜在自然植生」を含めた対応について研究していたのが、チュクセン教授だったのです。

一九六〇年の晩秋、二年余りのドイツ留学生活を終えて日本に帰った時、久しぶりのふるさと日本を見て、私は大きな危機感を抱きました。――山を削り、海を埋め立て、谷を埋め立て、道路や港湾を建設し、都市や産業立地が目まぐるしく発展していたのです。当時はまさに「開発こそ錦の御旗」と、限られた国土の中で一生懸命、徹底的に自然の開発、都市化、産業立地化を進めていました。このまま日本の自然が急速に開発されたら、最終的には、日本の国土の荒廃が進み、廃墟になってしまう、と。そして今はそのことを考える暇もないくらい一生懸命すぎるのではないかと。

一九四五年から五〇年代までは、東京はじめ大都市から地方都市まで、まだ大変な荒廃の中にいたのですが、だんだんと六〇年代の初めになると、もちろん前向きでよかれと思ってのことだったのでしょうが、自然の開発や都市づくり、道路・河川改修、港湾建設が目立つようになってきました。

その結果が、今では常識になっていますが、自然破壊、あるいは産業廃棄物によっていのちや健康が害されるという現象——当時は「公害」という言葉で呼んでいた現象です。いのちを守る自然環境、健全な市民の生存・生活環境が、急速に劣化し、破壊されていったのです。

毎日出版文化賞を受賞した『植物と人間』の出版

雑草生態学の研究をしている時は、多くのみなさんと同じように、雑草以外はすべて自然の緑だと思っていました。しかし、ドイツで潜在自然植生について徹底的に現場で調査し、実地体験と知見をもって帰国してみると、そうではない。森も草地も、ほとんど長い間の人間活動の結果、変えられた二次植生や植えられた緑です。土地本来の自然の森などの緑はあまりにも少なくなっているのに驚きました。

生態学者としての本能からか、「これは、何とかしなければいけない」という切実な思いに駆り立てられました。しかし私が一生懸命になっても、当時は「ドイツかぶれもいいかげんにしろ」という感じで、まったくだれにも相手にされませんでした。

そんな時でしたが、一九六七年、学研から『日本の植生』という本を出版しました。これは今では何度も新しい版になって、ずいぶん高い本なのですが、大変な好評を得ています。その頃から、誰にも相手にされなかったのが、やっと何とか、少しずつ本格的に活動できるようになっていきました。これは、当時としては、思いきった全十巻の科学大事典の第三巻『植物』として、五〇〇頁以上の編著をまかされたものです。当時の大先輩の先生方の協力を得ながら、内容は、私の専門分野の「植生」を主として、それまでの日本各地を足で歩いて調査してきた植物群落を、地球規模で分類可能な植物群落の組成表をそえて、実証的にまとめました。当時私たちの植物研究室の研究生で、植物の分類が得意で、共に現地植生調査を行ってきた大場達之君からの協力を得ながら。それが当時としては、画期的で、一九七七年には『日本の植生』として約五百ページの単行本として、さらに二〇一一年には一部改変して新装単行本として、五十年近くにわたって現在も読まれています。

そしてその次には、ＮＨＫブックスにお世話になり、一九六九年、『富士山――自然の謎を解く』という本を、気象学者の飯田睦治郎さん、地質学者の木澤綏さん、動物鳥類学者の松山資郎さんらと協力してまとめました。私は富士山の植物、植生について少し書いてほしいといわれて、当時は夢中で書いたのですが、今読み返してみると、当時よくもそれだけのことができたと思うくらいです。富士の植物の特異性、垂直分布、なぜ今富士山の裾野は草原になっているか、そして富士山の道路建設によってどのように自然が破壊され、どうしたらいいかというようなことをまとめたのです。

まだ一般的には自然のことにはほとんど関心がもたれないころに書いたものですが、それが当時のＮＨＫブックスの編集長、田口汎さんのお目にとまったらしくて、「宮脇に一度植物だけについて書かせてみよう」ということになったようです。担当してくれたのが、ちょうどそのころ入社して間もない竹内幸彦さんで、私は「タケちゃん」と呼んでいました。タケちゃんは、私たちの学生時代に教科書や参考書でいろいろとお世話になった物理学者で、東京大学物理学教室の竹内均教授のご令息だったのですが、田口さんと竹内さんとで訪ねてこられました。それが『植物と人間――生物社会のバランス』です。気恥ずかしいことですが、この本は今、著者の私が読んでもわくわくするぐらい、よく書けていると思っています。本当に一生懸命、夢中で書いた本です。

今でこそ環境や自然破壊、社会貢献としての環境活動などといわれますが、まだごく一部の人たちが公害や自然について言っていたくらいで、そのはしりもなかった頃のことです。まだ研究途上の、問題の多い「人間と植物の関係」について、あえて本書がまとめられたのは、田口さんとタケちゃんの、昼夜を分かたない熱心なお勧めによるものです。

私が最も思いをこめたのは、私がドイツで学んだ大事なこと、「最高条件と最適条件はちがう」ということです。また後で詳しく説明しますが、すべての欲望が満足する最高条件というのは、一時的には快楽があるかもしれないが、必ずそれは破滅につながる。開発ももちろん大事ですが、一方では限られた国土が無残にブルドーザーやさまざまな化学物質によって汚染されたり、破壊されたりしている。それを止めるだけでなしに、生きていくためには開発も必要であるが、同時にそこに、土地本来の、本物のいのちを守る潜在自然植生を基本にした、ふるさとの森をつくりたい――そういう思いを込めて書きました。

現在の状態を見ても、私たちの過去の生物社会の変遷の状態（遷移といいます）を見ても、文明の興亡を見てもわかるように、最高の技術によってつくられた最高の条件のあとには、必ず破綻が来ています。今まで生き残った国も帝国も、文明もないのです。すべて過去に押し流されています。

それから、私は、植物、生きている緑で代表されるような「自然と人間との関係」、生物社会の動的均衡の中でのよりよい人類の発展について、一人でも多くの人に理解していただきたいという願いを込めました。

この『植物と人間』の出版は一九七〇年三月ですが、思いもかけずその年の毎日出版文化賞を受賞することになりました。出版の時には、出版社の販売部長から「『植物』という名前のついた本では、売れたことがない」というので六千部しか印刷されていなかったのが、あっという間に増刷、増刷で、当時の活版印刷の鉛版が傷み、何回もやり直していただくことをくり返したそうです。現在では、六十七版目が出ています。

『植物と人間』を書いてから五十年近く経ちましたが、自分では非常に進化したつもりだし、面的にも空間的にも時間的にも、活動の幅はずいぶん広がったつもりです。また著作も、小論文その他を含めて一千点以上の論文や著書や対談その他をしています。しかし、基本的には、この『植物と人間』のわずか二二九ページの中に、私のすべてがあると言ってもいい。

必死で、二十日間で書き上げたものですが、当時誰にも相手にされなかった私のこころの叫びと、具体的な事実と、そして現在やっと多くのみなさんにご理解されるようになった森の再生の問題が詰まっているのです。恥ずかしいことですが、今読んでも自分でわくわくするぐらいで、本質的な内容は変わっていません。私は一体、あれから四十数年、五十年近くの間、何をやってきたのでしょうか。

いのちはゆっくり進化する――いのちを守る環境問題への取り組み

都市化、産業立地の問題、いのちを守る環境問題においては、私はかなり昔から真剣に取り組んできました。『人類最後の日』（初版一九七二年、一部加筆の上、二〇一五年藤原書店から新たに出版）でも、かなりその問題を訴えています。

〝死んだ材料〟の分野では、科学・技術分野でも大変な発展、進歩をとげています。五年～十年前の科学や技術的なデータは、今ではもう使えないといわれるくらいです。私がかつて購入したタイプライター、計算機やテープレコーダーのたぐいも、今のコンピュータやその他の情報機器、計算機などと比べると、別のもののように進化していて、次々と買い換えなくてはならず、古いものは置くところがないくらいです。いろんなカメラを使ってきましたが、当時は大変なお金をかけて買ったものも、処分に困るぐらい、部屋の片隅に積まれています。

ところが、それに対して、いのちは四十億年続いてきましたし、ゆっくり進化しています。五十年、百年では簡単に進化も、進歩もしません。

かつて四十年、五十年前には、私たち一般人は夢にも見なかったほど、刹那的には快適な生活を支えるなどの人工技術は発展している、その事実を見るときに私が思うのは、私たちが〝死んだ材料〟でつくるものは、しょせん日進月歩の、進歩が激しいものにすぎない。ところが、残念ながら、人間の知性、感性、肉体は、私たちが自信をもっているほどすばやく進歩も進化していません。

千年前に書かれた紫式部の『源氏物語』は、今でも読まれています。日本語は少し変わって読みづらいけれども、『古事記』も、数千年前の中国のさまざまな漢籍も、近くは明治時代の夏目漱石や徳冨蘆花を読んでも、今のすばらしい作家の書かれたものと同じように、時にはそれ以上の感動を得ることができます。自然や、その一員、一構成員にすぎない私たち人間の本質は、すぐには変わらないのです。

今、私たちのまわりには、動くもの、変えなければいけないものが非常に多い。しかし、変えることができない、むしろ変えないで続けていかなければいけないものの方が、より本質的で、大事なのです。いのちは、次の氷河期が来る九千年先まで、何があっても生き残らなければならないのです。もっとも基本的なこと――生物としての人間が、どのように自然と対応し、共生するかについて、十分に考えなければなりません。最高の科学・技術、とくに計量科学が発達すればするほど、それをつくる人も、売る人も、使う人も、そういうことを考えなければならない。知性、感性は、個人的にも集団的にも、そう簡単に変わるものではありません。

いのち、そしてそれを支えている、今は計量化できない全体としての生存環境、生活環境

——そのような見えないものに、私たちはもう一度思いを致さなくてはなりません。今、人間はみな有頂天になって、ハードだけの対応で、あたかもそれがすべてのように錯覚しています。基本的には人間も、虫けらも、路傍の雑草も、あらゆる生物もまったく同じです。生き延びるということについても、生長して、子供を産んで増やすことについても、まったく同じです。ただ、二本足で立ち、両手が自由に使え、しかも大脳皮質の異常な発達によって、他の生物とはちがった生活を続けてきたという点が、ちがう点です。しかしそれは、四十億年のいのちの歴史の中でほんの直近の、瞬間的なものです。

　ましてや計量科学にもとづくこのような〝死んだ材料〟の文明は、この五十年、百年の間のことではありませんか。その一瞬の時間にこれだけ目まぐるしく変わった今のこの生活を維持しようとするならば、単に技術的な対応だけでは不可能です。

　もう一度、人間は生き物としての生き方を考え直すべきです。人間は、この地球に生かされているかぎり、自分だけでは生きていけないのです。人間だけではありません、動物も植物も微生物群も、ともに最低限の生態系のバランス、システムを、生物社会のおきてを維持できる程度の多様性の中でのみ、私もあなたも生き延びられるのです。これは冷厳な事実であり、当然のことでありながら、忘れられています。

〝人間は自然の一員である〟への目覚め

『植物と人間』は、多くの人たちに読んでいただきました。今では当時の職を離れられた方が多いのですが、各省庁のトップや、会社のトップの方々から、ご感想をいただいています。

私と共著で『次世代への伝言』（地湧社）を書いた、日本で初めて高層建築を建てられた著名な池田武邦さんは、国を守るために海兵に入り、海軍では三回も船が沈み、やっと生き延びたという方です。残念ながら日本は敗けてしまった、日本を再建するためにどうしようかというので、東大工学部の建築科に入り、現場では、限られた国土を有効に使うために、集積の効率を高めるために、地震国日本には不可能といわれた高層ビルを、初めて霞が関につくられました。今では当たり前に各地の主な都市の駅のまわりなどに高層ビルが林立しているほど、どんどんつくっていたが、池田さんは、ある日突然、気がついたそうです——やはり人間も自然の一員だと。冬、暖房の効いた高層ビルの設計室で半袖で仕事をしていて、外に出ると吹雪の中で身ぶるいした。やはり、人間はハードなものだけでは無理である、人間は自然の一員である、と。自然のシステムの中で生きなければいけない、生態系の中で一番弱い消費者の立場でしか生きのびられない、ということを、私の『植物と人間』から学んだそうです。当時高層建築界中のトップの会社、日本設計の社長でおられながら、過度な自然の開発は無理であるということをさとられた。そして、経営的には不可能であったのを、佐世保にハウステンボス、長崎にオランダ村をつくられて、自然と共生する森づくりをやってこられたのです。

「一時、バブル時代には、金、金、金だった。森づくりに出資してくれた当時の興業銀行は頭取が変わって、目先の利益で中止されたけれど、もう少し続けていれば、必ずやすばらしい、世界に誇る森になったでしょう。私たちは、生物の本能として、同じ敗戦国のドイツがやっている自然との共生、アウトバーンの森づくりなどを見ながら、ぜひこれを日本で進めたい」とおっしゃいました。

最近でも時どき、会社や行政のトップでいらっしゃる方に会うと、「宮脇さん、今でも憶えているよ、あなたの『植物と人間』は衝撃でした」とおっしゃってくださいます。わかる人はわかってくださっていたんですね。私は、この『植物と人間』に、すでに私のすべてが濃縮されているといっても過言ではないと思います。その延長として、現在があります。

いのちは続いています。そしていのちを支える環境も、歴史、社会、文学、芸術、哲学も持続して、過去をふまえて未来にもっていくものなのです。新しいことを、さらにどんどん変えていくのも、非常に重要なことです。とくに非生物的な材料を使う工学的な分野では。しかし、一方においては、四十億年続いてきたいのちを未来に残すために、今どうしたらよいかということが、ぬけてはならない。その原点が、不十分ではありますが、また当時の私の未熟さがあらわれた幼稚な表現ではありますが、この『植物と人間』に凝縮しているのです。それが今でも私の森づくりの基本になっていることを、重ねて申し上げたいと思います。

今、私たちは、あまりにも周りに多すぎる〝死んだ材料〟による人工物の中に埋まりすぎています。食べ物も、いかに味をつけ、においや形を整えるかということばかりです。もちろんそれも大事ではあります。そういう今すぐ見えるもの、今すぐ感じるものだけを対象にして、日々いろいろな改善が行われています。私たちの生活は、冬の寒さは暖房で、夏の暑さは冷房で調節し、遠くへ行くときは車や船や飛行機を使います。どれも大事であるし、私もその恩恵で今日まで世界を飛び回って、怪我をしたらすぐ対応していただけるわけです。しかしそれだけではいけない。

金と技術と医学を集めても、いのちはつくれない

本物は、長持ちします。続けなければいけないのです。不可能といわれるところでも、続ければ、必ずできます。不可能といわれ、まったく草木の生えていなかった足尾銅山の跡でも、私はＮＰＯ「森びとプロジェクト」の高橋佳夫、よし子夫妻をはじめ、みなさんと共に森づく

りを進め、悪戦苦闘の結果、確実に土地本来の森が育ちつつあります。また、十一年前からは秋田県の小坂鉱山のボタ山などでも、森づくりを、今も続けています。

人間は年を取ると、足腰が弱くなります。私も「転んだら立てなくなるから、なるべく転ばないように」といわれています。私もみなさんの支えがあって、どんな山の上にいても、二十メートルの梯子の上に上がって写真を撮るときでも、野外での研究調査中には一度も失敗しませんでしたが、たまたま六年前、小坂鉱山の森づくりで、町長も大変よろこばれまして、支えてくださった科学・技術関係のみなさんといっしょに植樹祭をやり、国際シンポジウムを開き、その後、私は特別に、あまり人が泊まらない丘の上の町の貴賓館みたいなところに泊めてもらいました。私の基調講演と、現地の植生調査をして、植樹祭のあと二年、三年、五年と順調に育っている状態を見ながら満足して宿に帰りました。

私の不注意でしたが、シャワーを浴びてから、あまり人が使ってないらしくテレビが棚の上の方に置いてあって、リモコンがなかったものですから、テレビをつけようと思って台の上に上がったのですが、届かないので背のびをすると、ガタッと横に落ちてしまいました。その瞬間はすごく痛かったけれど、もし足が折れているならこれ以上痛いはずだから、骨が折れているることはないだろうと思ったのですが、足を引きずりながら家内に電話をしたら、「あなたはまた大げさなことを言って。早く寝なさい」という。しかし、痛くてなかなか眠れない。

朝の四時ごろ町長に電話したら、村に一人しかいない内科の老先生と来てくださいました。「折れているわけではないでしょうが、ものすごく痛い」と言ったら、「よくわからないから、とにかく病院に行こう」というので、生まれてはじめて救急車に乗せられて、大曲の共済病院に連れていかれました。レントゲンを撮られてみると、「これは大腿骨骨折である、すぐ手術だ」というのです。「ここで手術すると、自宅のある横浜と距離があるから、いったん帰りたい」と言いましたら、主任の医師が「できるだけ早く手術した方がいい。今、無理に帰るというと、保証はできません」とおっしゃる。しかしなんとかお願いして、診断書を書いていただき、青森空港まで救急車に乗って、飛行場から特別のご配慮で羽田に着き、羽田からまた救急車に乗り換えて、ちょうど私の娘婿が勤めている横浜市立大学に、金曜日の夜六時ごろに着きました。

大学病院のレントゲンで「これはやはり見事な大腿骨骨折です、すぐ手術しなければいけない」ということになったのですが、手術室はすべて満杯で、四日後の翌週火曜日の夜八時十五分から手術しました。そして四日間「右足はそのまま動かしてはだめだ」というので、足が動かないように制御棒をつけてそのままにしていました。手術前まではものすごく痛かったのが、手術後は麻酔がとけても痛くなくなり、翌日から歩かされまして、できるだけ早く退院して現地調査に行こうと思っていたら、家内が「退院したらすぐに飛び歩くから」とお願いしたらしく、主治医が好意的に三週間入院させてくれました。

今では元気になって、まったく痛みも感じません。手術は、骨折部位を切開して、ビョウを三本入れて、止めているそうです。若い人の場合ならビョウを抜くのですが、「先生はもう七十七、八歳（当時）ですから、どうせ先は長くないでしょうから、このままで大丈夫です」ということで、そのままです。幸いにもその後、山でも野でも海外でも現地調査を続けています。ただ、四日間骨折した右足を動かさなかっただけで、今でも骨折した右足が少し足が短いような感じがして、歩くときも立っているときも左足に重点をかけすぎるのか、最近、少し左の足が痛くなるような気がします。そのように、自然のシステムに添えば、充分対応できるのです。

医学もいろいろと進んでいるけれども、骨が折れても、結局それをつないでビョウで止める程度のことしかできないんです。私たちは世界じゅうの金と技術と医学を集めても、骨一つ、人工のもので似たものはできますけれども、本物はできないんです。組織も細胞も、DNAも、多少の入れ替えはできるかもしれないが、新しくつくることはまだぜったいにできません。

〝死んだ材料〟では月まで行けますが、生きものにたいしては残念ながら、たとえどれほど科学・技術・医学に研究資金などを投入しても、私の生きている間には、おそらく若いみなさんの生きている間にも、いのちを新しくつくることはできないでしょう。それが自然の、生きもののいのちの基本なのです。

私の現場主義

この本は、このすばらしい機械文明、最新の科学・技術の力と、その製品の中に埋まって生活している私たちが、何があっても生き延びるための、生物としての、人間としての知恵を目ざしています。それは、健全ないのちと、知恵、感性を、そして四十億年つづいてきた遺伝子を未来につなぐ一里塚として生きているわれわれの生存の、いのちの基盤です。そのためには、まだ現在の科学・技術では見えないもの、すぐに計量化できないもの、コンピュータにインプットできないもの、お金に換算できないものでも、大事なものがあるのです。

今、私たちに欠けているのは、「見えないもの」を見ようとする努力です。どのようにそれを把握するか。それは単なる話し合いだけでなしに、「現場」に出かけて、自然がやっているから実験結果を見ることです。四六億年の地球の歴史、四十億年のいのちの歴史、人類が出現してから五百万年の歴史の結果、そのトータルとして存在しているのが、今の私たちです。

点から線へ、ずっと未来に続く時間と空間の交点にいる私たちが、まだ見えないものをどのように見抜いたらよいか。これこそ、明日を心身共に健全に、精神的にも、経済的にも豊かに生き延びるための基本的な課題ではないでしょうか。

「見えないもの」を、どう見るか。これが今、最高の科学・技術で生かされている私たち人間が、一番大事な未来を、どんな自然災害にも耐えて、どのようにすばらしい確実な未来にするか。あるいは破綻の未来にするか——どちらにするかの鍵になりうる、共通した考え方、基本的な哲学であり、新しい科学・技術の基本であると、私は確信しています。

第2章

「潜在自然植生」とは何か?

日本には〝鎮守の森〟がある

「潜在」とは、〝本来どうあるべきか〟ということ

最高の科学・技術を使っていくら努力しても、私の、あなたの個人の能力の範囲では、いのちも、それを支える環境も、個別的な計量化はできるかもしれませんが、トータルとしてはなかなか見えるものではありません。

「潜在自然植生」とは、聞きなれない言葉でしょう。まず大事なことは、今、私たちが生きているということは、生活しているということは、仕事をしたり、食べたりといった具体的な事実であると同時に、〝本来どうあるべきか〟ということなのです。これが〝潜在〟という言葉にこめられた意味です。

例えば、私たちはそれぞれ自分の職場で仕事をしているけれども、各人の奥にある、本当の、まだ使いきっていない、表現しきっていない能力、特性、それが「ポテンシャルな（潜在的な）」能力です。それをどのように確実につかみきり、引き出し、その潜在能力に応じた生き方、生活、あるいは人事管理から行政、企業を発展させていくのか。社会においても、家庭においても、「ポテンシャルなもの」を常に念頭におきながら、人とどのように関わるか、自然をどのように利用するか、いのちを守る防災・環境保全林をどのように創るか、そしてそれをどのよ

うにシステム化するか、地域からグローバルに拡大していくか。これが大事ではないかと思います。

私が専門とする植物社会学、植生学、植物生態学における「潜在自然植生」という言葉は、おそらくほとんどのみなさんは初めて聞かれたでしょう。

それは、現在生えている木や草、森などの現存している植生だけではなく、今もしすべての人間活動の影響を停止したとしたら、その土地の自然環境の総和がどのような、その土地本来の自然植生、緑——日本列島の大部分は森であるが——を支える能力をもっているかというものです。理論的に考えられる土地本来の自然植生のことです。

その潜在能力と、その把握の仕方、使い方を、植物社会学において考えるのが、潜在自然植生の考え方です。潜在自然植生を通して、まちがいなくいのちを守り、豊かな生活を守り、四十億年続いてきた、あなたの、あなたの愛する人の遺伝子、DNAを未来に残すための生き方をしていただきたい、と願っています。それを、植物社会学の立場から、ご一緒に考えていきたいと思います。

みなさん、たとえば、学校で勉強する算数、国語、理科、社会、あるいは英語がちょっとできないといわれても、それだけでへこたれないでいただきたい。あなたの顔は、世界であなたしかもっていないように、あなたしかもっていない能力は、必ずあるのです。それが、ポテンシャルな能力、潜在能力なのです。

私が一九五八年から二年半、ドイツに滞在していたころ、恩師のチュクセン教授に教えられましたが、「教育」という言葉は、ドイツ語では「引き出すこと（Erziehung）」といいます。英語の education も同じ意味です。

能力以上のことは無理です。ないものねだりは無理でしょうが、たとえ算数、国語、理科、社会、英語がちょっと苦手であっても、よく考えてください、今七十数億人いる人間の中で、あなたとまったく同じ顔をした人は、一人もいないし、これまで一度も出てこなかった。また、この地球上で一度も、過去も未来も、まったく同じ顔の人はいないはずです。そのように、あなたのもっている潜在能力も、今、人間が仮に決めている算数、国語、理科、社会、英語が少しできなくても、あなたしかもっていないポテンシャル（潜在能力）を正しく理解し、把握し、引き出すことが、あなたしかできない潜在能力を発揮することが、あなたのためにも、そして多様な人間社会のためにも、人類のためにももっとも役立つはずなのです。

算数、国語、理科、社会、英語というような科目は、人間が生きていくため、すばらしい文明、科学・技術を発展させるために必要な要因ですが、人間個人のもっているあらゆる潜在能力のうちの、一部にしかすぎないのではないですか。無限に近いヒトの能力の中で、現在仮に人間が決めている能力の一部にしかすぎないのに、あたかもそれがすべてのように誤解されているのが、学校の教科です。

今みなさんが勉強している、小学校、中学校、高校、大学などの教科の各科目は、もちろん大事です。その成果として、五百万年の人類の歴史の中で夢にも見なかったような、現在の都市、産業立地、交通網の中で、刹那的には最高の生活を享受しています。それらを支えてきた科学・技術は、やればやるほどより分化されて、細かく分析、計量化されていきます。問題は、その人のもっているポテンシャルの潜在能力をいかに引き出すことができるかどうかです。

見えるものしか見ない——計量化できるもの、コンピュータにインプットできるもの、映像に映るものしか対象としていなかった現代に生きる私たちにとっては、なかなか難しいこと、不得手であるかもしれませんが、これがもっとも今、大事なのです。

「森の下にはもう一つ森がある」——森は多層群落

ドイツのハノーファーとハンブルクの間には、「リューネブルガー・ハイデ」という、一九〇九年に指定された、四万ヘクタールのドイツ最初の自然保護地域があります。その地域の潜在自然植生は、シラカンバ—ミズナラ群集などの森です。

世界の森が破壊されたのは、家畜の放牧によるものがほとんどです。肉食人種であるヨーロッ

有史以前からの家畜の林内放牧でヒース荒原化している（イギリス北部ハイランド地方）

パ人は、最後の氷河期が終わった九千年前から、林内に家畜を放牧し、自然の森を破壊してきました。それに対して、われわれ日本人は、森林の破壊は現代でこそ、大規模な森林伐採や、あるいは森を破壊して集落や町や農耕地をつくるために大規模に行われていますが、家畜の放牧のために森林を破壊することはしませんでした。しかし、世界の森が破壊されたほとんどは、じつは家畜の放牧によるものなのです。現在、日本の森林もシカやイノシシによって破壊されています。それに加え、肉食人種のヨーロッパ人は、有史以前から九千年この方、林内に家畜を放牧して、下草を全部食べさせて芝生状の荒れ野景観にしてしまったのです。

ドイツには「森の下にはもう一つ森がある（Der Wald unter den Wald）」ということわざがあります。森は、木が三本ではなくて、つまり木が集まっているということだけではなくて、その中に高木、亜高木、低木、下草の多層群落の緑の壁なのです。そしてじつは、高い木の森を支えているのは、その下の下草や低木、ドイツ語では上の高木層にたいして「下の森」ともいいます。その「下の森」を、家畜の林内放牧を五十年、百年、千年、それ以上と続けて、完全になくならせてしまったということなのです。「下の森」の低木、下草がなくなると、上の森も枯れて、いわゆる荒れ地「ヒース」になります。ドイツ語ではハイデといいます。

そのリューネブルガー・ハイデとは、四万ヘクタールの荒れ地なのです。イギリスのハイランド、スコットランドあたりも、ベルギー、オランダの丘陵地帯も、ほとんどがヒース、ハイデで、多層群落の森が劣化されていたのです。ヒースもハイデも、そのまま三百年、五百年おいておけば、またもとの森に戻るでしょうが、家畜の放牧が続くかぎり、芝生状の、木のない荒れ地の状態のままです。

じつは日本で、今でも行政や会社がつくっている公園景観というのは、芝生に木がポツンポツンと生えた状態で、これはまさに荒野景観です。ハイデ、ヒースとなんら変わるところはありません。家畜の過放牧によってできた状態と同じなのです。しかし日本はもともとは、「鎮守の森」など、かつてローカルな自然の生態系を維持してきたところだったのです。

規格品づくりの現代

潜在自然植生というのは、一朝一夕に分かるものではありません。〝死んだ材料〟にたいして、〝生きた材料〟とは、人間も含めた動物も植物も微生物群もそうです。

人間がどんなにうまく微生物を培養しても、草や木の世話をしても、一時的には人間の目的に応じるように、花を咲かせたり、実を実らせたり、あるいはたくさん繁殖したりするかもしれません。しかし、必ずやり方によって限度があります。現代では、私たちの周りの動物も植物も、ある目的によって、それに沿うかたちになっています。植物の花つくりも、田んぼや畑の稲作や野菜つくりにおいても、目的に沿った、人間の生活に必要な、欲望に沿ったものをつくるために、かなり人工的に、無理をして花を植えたり、作物や野菜や、イネやムギをつくっているのです。

もちろん目的に応じて木を植えたり、作物をつくることは大事です。食べ物がなければ死んでしまいます。しかし大事なことは、すべての生きものは、その種類の個体のもっている本来の能力を発揮する以上のことはむずかしい、ということです。

たとえば、今、多くの人たちが、義務教育の小学校や中学校はもとより、高校、大学、さまざまな専門学校などで勉強しています。ある目的をもってみなさんがそういう学校に行っても、人間が決めた学問——たとえば学校の算数、国語、理科、社会、英語などの教科にたいして、同じように学んだつもりでも、人によってその成果が異なるでしょう。

ですが、今の規格品づくりの時代では、ある目的に応じて規格品をつくることだけが大事になっています。〝死んだ材料〟で車やコンピュータをつくる場合は、どの部品も一ミリ違っても動きません。今は教育でも、同じような考え方になってしまっています。本来個人のもっている潜在能力は、人の顔ほどちがうはずですが、私たちの周りの動物や植物を育てる場合でも、森をつくる場合も、規格品づくりだけが基本にされています。

決められた一定の目的に応じて、規定、規則にそったさまざまな方法、手段で、個人も集団もかなり無理をしてがんばっているのが現代です。しかし、どれほど努力しても、その人、その集団のもっている本来の力、潜在能力を発揮する以上のことはなかなかむずかしいのです。

管理の必要な人工の森

森づくりに際しても、木材生産など人間の経済的な目的に応じて、間伐、枝打ち、下草刈りなど、人間が管理という形で影響を与えていくように努力しています。そういう木々や森は、管理をやめたとたんに、まわりのマント群落と呼ばれるクズ、カナムグラなどの林縁植物などが侵入し、繁茂して、森がしだいに荒れてきます。

大事なことは、とくに「いのちを守る森づくり」をめざす場合には、見かけがいいとか、すぐに育つということではありません。自然は、人の顔ほどみんなちがいます。したがって、その場所の自然環境の総和が、本来どのような緑を、森をつくる潜在能力をもっているかが大切です。

現在日本の国土の大部分は、本来その土地に応じた森ではありません。私たちは、マツが優占していたらマツ林、ヨシの湿原はヨシ群落とかいうふうに言っています。私たちは今、見えるもの、目立つものだけによって、たとえばマツ林だとかスギ植林だとかススキ草原などと名付けています。これは見かけ上、相観的にはわかりやすい。しかし、同じマツ林でも、あるいはヨシの湿原でも――ヨシ群落は北半球の川辺や池の周りなどのどこにでもありますが――、たんに今目立っているマツやヨシだけでなしに、それを支えている、さまざまな生き物の〝トータルシステム〟として把握することが大事です。森の場合は、亜高木や低木や下草、土の中の微生物群も含めてのトータルシステムを考えることです。自然は、ゆるやかな有機体をつくっています。自然の森も、湿原もそうです。

たとえ人間のための土地利用でも、長つづきするためには、このような土地本来の緑を支える能力（＝潜在自然植生）に応じた利用をし、いのちの森づくりをやらなければいけません。しかし往々にして、ある目的に応じてだけ、それに対応するようにだけ、無理に管理してやっていることがほとんどです。ですから、管理をやめたとたんにだめになる場合が多いのです。土地に合わない木を植えた場合は、充分に管理すれば対応できるかもしれませんが、やめたとたんに森は荒廃し、草原はヤブ状になる危険性があります。

また、地球上のほとんどが、五百万年この方、人類がこの地球に出現してから、とくに最近の数万年、一万年、数千年この方、人間によって作られたものがほとんどです。新しい科学・技術によって、より便利で、効率的な生活の場をつくることは、われわれ人間が生きていくためには、当然、今後も必要です。善意による森の利用、農作物づくり、集落・都市づくりのために、土地本来の森の破壊もある程度はやむをえませんが、多くの場所で、その土地の潜在能力を超えた過剰な緑の利用によって、土地本来の緑——森は、ほとんど失われています。

今私たちが見ている周囲の植物も動物も、さまざまな生きものたちは、人間活動によって生じた、あるいは作られたものがほとんどです。私たちが生きていくためには、もちろん多様な自然を画一化して、目的に応じて、作物も野菜も、材木などの利用のため、本来そこに自生していなかった、いわゆる客員樹種の木も植え、育てなければいけないことは確かです。どれも必要です。しかし、それだけではいけない。

今、一番大事なことは、〝いのちを守る〟ことです。いのちを守る本物の森は、管理費がいらないし、何世代も自立発展し、必ず襲う自然の災害、台風、地震、火事、津波、大火事、洪水にも耐えて生き延びる、それが土地本来の緑、森というものです。そのような森をつくる場合は、今ある緑や森をそのまま残すだけでは不十分、いや不可能と言っていいのです。

目的に応じているかぎりでは、どの緑も大事ですし、どの木も大事です。しかし、今、一番大事なことは、どんな自然災害にも耐えて長もちし、私たち人間のいのちを守る森です。長い人類文明の歴史において、最後の氷河期が去ってから一万年近くたっているといわれていますが（局地的には異なるかもしれませんが）、その間、さまざまな人間活動の影響がありました。それによって、今、私たちが自然の緑だと思っているもののほとんどが、さまざまな人間活動の影響下につくられ、残し、守り、あるいは先駆植物として生えているものです。したがって、新しいいのちを守り、豊かな生活を未来に保証し、できるだけ管理費がかからない森をつくることが、一番大事なことです。

自然の災害、変動に耐える本物の森

地球上のどこにおいても、長いいのちの歴史の間に、ローカルからグローバルに、さまざまな大変動が起こりました。人間にとってはいのちを脅かすような、あるいはすべての生物が、マンモスも含めて絶滅させられたような、自然の「揺り戻し」、変動が何度もありました。美しい日本列島は、同時に世界でもっとものこのような自然災害の多い国であると、やっと最近、われわれは意識するようになりました。

どのような災害からも大事ないのちを守り、何があっても私たち人間と私たちのいのち、生活を支えているさまざまな生きものと共生できる最低限の生態系――生産、消費、分解・還元のシステム――が維持できるような緑が必要とされています。

緑が立体的に濃縮している森は、人間にとっては、多彩な防災機能、環境保全機能を果たすものです。さらにカーボンを吸収・固定して、地球温暖化を抑制するような、そういう土地本来の森です。そういう森は、永遠に管理費のいる単層群落、たとえば公園の芝生にくらべると、緑の表面積が三十倍あるのです。そのような土地本来の本物の、ふるさとの木によるふるさとの森づくりは、今もっとも必要です。

たとえば、東日本大震災では、ハードな鉄筋のコンクリで作った防潮堤は、ほとんど全部破壊されてしまいました。だから「コンクリの防潮堤は全部やめてしまった方がいい」という意見もあります。場所によっては、ある程度は必要かもしれませんが、それだけではだめであるということも、二万人のいのちが犠牲になったという冷厳な事実を前にして、私たちは現実に学んでいるわけです。その悲惨な状態を、現場で目で見、心に染み込ませているわけです。

したがって同じように、何があっても生き残る森をつくること。限られた国土において、もっとも持続的な生産性の高い作物栽培や、稲作、野菜も、あるいは木材としての森をつくる場合も、やはり土地の本来の潜在自然植生を基本にして考えていかなければ、持続的な生産性は期待できません。

とくに十九世紀の産業革命以来、寒暖計やリトマス試験紙、今では最先端のコンピュータや各種精密測定器、各種物質の化学的な化合物が発見・利用されているので、計量化できるもの、数字で表現できるものだけが科学・技術の対象とされて、その他は無視されている、あるいはあえて無視しようとしています。しかし、現代の限られた時間と空間でいくら長期間詳しく調べても、それはトータルの地球規模に広がる面の一部であり、四十六億年の地球のいのちの歴史、四十億年のいのちの歴史、そして人間活動も五百万年の人類の歴史の、ごく瞬間的な、時間内や空間値の点の測定値であり、調査結果です。それはもちろん大事ですが、その測定値だけでは、予測したり計量化した技術だけでは、〝死んだ材料〟では、月の世界まで一時的には行けますが、いのちにたいしてはきわめて不十分です。

東日本大震災でも、阪神・淡路大震災でも、また伊豆大島の三原山の溶岩の流れた上の木が土砂とともに流れてたくさんのいのちを奪いましたが、そういう災害にたいして必ずしも的確な予測や完全な対応をすることに耐えられなかったのです。

チュクセンの「潜在自然植生」――「第三の植生」

私は一九五八年九月からドイツに留学しましたが、恩師のラインホルト・チュクセン教授が五六年にはじめて発表した植物集団を見る見方、把握が、潜在自然植生です。それまでは、人間が影響を加える直前までのオリジナルの「原植生」、そして現在われわれが現実に目で見たり、さわったり、数えたりできる「現存植生」、その二つの概念しかなかったのです。それにたいしてチュクセン教授は、すべての人間活動を停止したとしたら、今現在、どのような植生であるか、その土地が本来どのような自然植生を支える能力をもっているかという、理論的に考えうる「第三の植生」として、潜在自然植生という概念を発表したのです。

長いあいだの人間活動の結果、ドイツ北西部やイギリスのスコットランドなどの各地では、多くはヒース、ハイデという荒原になったり、あるいは農作物が栽培されて放棄されたり、家畜の放牧跡地などは森が再生していても、多くは二次的に先駆植物（パイオニア）と呼ばれるシラカンバ林になっています。チュクセンの考えでは、その本来の潜在自然植生を見出すことができれば、例えば野菜や作物を栽培するとき、より効率の高い農耕地として、持続的にそこに適した作物や果樹を植えることができますし、あるいは木材的な利用をするときの森づくりの場合も、できるだけ管理がいらず、どんな自然災害にも耐える森がつくれるというわけなのです。

昔は天然更新といって、抜き切りして、土地本来の自然林に近い森の姿を維持しながらやる林業が、ドイツの林業として長く続いてきましたが、そのような自然の土地の本来の緑を育てる力、それを私たちは潜在自然植生と呼んでいるわけです。

チュクセンが一九五六年に発表した論文では、現存植生の大部分が、人間の影響によって変えられた潜在自然植生の置き換え群落、「代償植生」でした。これからの土地利用や、いのちの森づくりを考えるとき、「何を植えてもいい」のではなく、その土地の潜在能力に応じた最適の植物を植えることを考えるべきです。そのためにチュクセンは第三の概念として、「Heutige Potentiere Natürliche Vegetation: Todays Potential Natural Vegetation」、日本語でいう「現在の潜在自然植生」の概念を世界に発表したのです。

もちろんどの植物も、生きているかぎり、いのちの面からは本物です。しかし、今大事なことは、土地本来の、どんな自然災害にも耐えて生き延びるもの。長もちしている植物、植物群落を支えるのが、第三の植生概念「潜在自然植生」です。潜在自然植生とは「今、人間の影響が全部ストップしたとき、その土地の自然環境の総和が支える、理論的に考察しうる、究極的な、土地本来の自然植生をいう」とチュクセンは定義しています。

潜在自然植生から新しい土地利用を考える

私はその二年後に招かれてドイツに行ったということになります。雑草群落について、私が日本から持っていった現地測定植生調査資料をまとめて、研究所に所蔵されていたヨーロッパ各地の雑草群落と比較して、最初の学位論文がドイツ語でできた一九六〇年の秋、チュクセンは、「雑草群落も大事だけれど、これは俺のあご髭みたいなもので、剃れば剃るほど濃くなる」と言いました。

日本の畑地の雑草は三〇一種類、水田雑草には九一種類が、日本列島にいろいろな種の組み合わせで生育していますが、ほとんどは帰化植物です。農耕地の雑草は、草を取るから、肥やしをやるから、耕すから生えてくるのです。作物は毎年植えなければ育ちませんが、雑草は好チッ素性で、しかも短期一年生植物です。草を取り、耕して、肥やしをやり続ける限り、畑や水田の主ですから、生育し、繁茂します。

かつて東大教授の前川文夫先生が言ったように、古代から日本では、海外から侵入して自然に生えている雑草を史前帰化植物と定義しています。歴史時代以後の帰化植物にはそれぞれの時代の帰化植物があり、すでに歴史時代以前に入ってきたものもあります。歴史時代以後の帰化植物には、第二次世界大戦のあと、アメリカ軍の占領下で急速に繁茂しているセイタカアワダチソウなどがあります。帰化植物には、長い歴史の間に突然繁茂して、その後増えた植物や、ずっと人間活動のもとで定住している植物など、いろいろな段階で海外から入ってきた帰化植物が、私たちが現在生きている生活域のほとんど九〇％以上を占めています。

森をつくる場合、どんなに管理しても、低木のツツジやサツキを、土地本来のシイ、タブノキ、カシ類のように、樹高が十メートル、二十メートルの高さにすることはできません。同じように、温室などでよほど管理しなければ、北海道、あるいは山地の、冬になると葉を落とす落葉広葉樹林帯で、熱帯の植物が育つことはできません。熱帯では、乾季と雨季があるので、夏の温度と水分条件、雨が十分あるときに緑になり、乾季のきびしい条件下では葉を落とすものがありますから、日本では冬と夏の差によって落葉広葉樹林でいいのですが、その中では、夏緑で冬に枯れる夏緑広葉樹林と、乾燥によって葉を落とす、熱帯の乾燥地の落葉広葉樹林の両方があります。ふつう、落葉広葉樹の中でも、日本列島のように冬が寒いと葉を落とすのは、夏緑広葉樹ともいわれています。

潜在自然植生というのは、新しい土地利用のためにも有効です。森は、高木層、亜高木層、低木層、草本層と多層構造になっています。立体的な、また平面的な階層群落（シヌジエ）を形成しています。これは人間社会にもたとえられるかもしれませんが、個人の、社会の、あるいは企業の発展のためにも、本来その構成員の一人ひとりがどういう能力をもっているかということを活かしながら、トータルで活動していくことが、もっとも健全な発展のしかたではないでしょうか。

本物か偽物かをどう見分けるか

潜在自然植生とは、現在は計量科学の時代、計量技術の時代ですから、なんだか非科学的でうさんくさいとか、たんなる思いつきじゃないかと思われるかもしれません。実を言えば、私もそう考えていたのです。一九五八年当時、生涯の恩師チュクセン教授に最初に潜在自然植生の概念を現場で教えられたときには、そう考えてしまったのです。

ですが、ドイツも日本も、長い人間活動の結果、土地本来の、生態学的に厳密な意味での原生林・原（始）植生は――森も草原もほとんどないわけです。ですから、どうしても着物の上からさわらずに中身を見るような方法になりますから、いくら現場で教えられても、私は一時はこれは科学ではない、忍術ではないかと思っていたこともあります。

チュクセンは現場で、自然が発する微かな情報を、自分の身体を測る器械にし、目で見、手でふれ、なめてさわって調べれば、必ずわかるようになると教えこんでくれました。専門は必ずしも関係がない、ただ本物と偽物とを見分けることが大切だと。動物的な勘を甦らせ、そして生物学的には異常に、奇形的に発達した大脳皮質によって、個々の認識した断片的な対象を記憶し、過去や周辺状況も加えて総合し、判断する力をもっている。その能力を活かせばできないことはない、と。たしかに人間は、総合して過去をふまえ、現在を評価し、未来に向かっての計画を立てる能力をもっています。そういう人間の知恵、感性によって、現場で、見えないものを見る努力を重ね、本気で見れば、必ず見分けることができると、チュクセン教授に徹底的に教わりました。

たとえば、有名なニュートンの引力の法則でも、熟したリンゴが木から落ちるという事象は、だれでも見ているわけです。しかし、みんなは当たり前だと思っていた。ニュートンだけは、そのリンゴが落ちるという当たり前のことを不思議がって、それを究めて、地球の引力という法則を発見したわけです。したがって、今、私たちに大事なことは、見えるもの、数えられるもの、お金で換算できるものだけで、物事を決めたり、批評したり、対応することだけでは不十分である、ということです。それはむしろ危険であるということを認識しなければなりません。

その後、私は、一九六〇年の秋に、ドイツに日本から帰国命令が来て帰らなければいけないことになりましたが、チュクセン教授から『今帰って、チュクセンに習った』と言われても、おまえはわかっていないから、俺の顔がすたるし、必ず壁に突き当たるはずだ。少なくとも三年以上、潜在自然植生を現場で見て、判定できる師——日本では匠といっていいのかもしれません——のもとで勉強しないといけない」と言われました。徹底的に現場で、「見えないものを見る」努力をする、これが大切だと。

罠にかからなかったハクビシン

動物は、よほど飢えていない限り、罠をかけていろんな餌を与えても、毒が塗ってあるものには、けっして手を出しません。私の自宅は、今でこそだんだん住宅地の中に囲まれてきていますが、建てたときに小さな屋敷の周りに植えたシイ、タブ、カシの潜在自然植生の主木のポット苗が、今は十五年、二十年近くなって、非常によく育ち、立体的な緑の環境になっています。都市の中ではあるのですが、夜中に寝ていると天井でトントンと歩いたりする音がするし、鳴き声もする。雨でもないのに雨漏りの雫も落ちてきます。ネコとは違うらしい。大工さんに見てもらってもわからなかったのですが、ある土曜日の夕方、家内がその森のアオキの間から顔を出している小さな動物を見つけました。なんとそれはハクビシンで、どこかで放されたのが棲みついたのだと思います。

天井で子供を産んだせいで、そのおしっこでだんだん漏れて、雨漏りのようになったわけです。さっそく役所に行くと、横浜市から「ハクビシンは外来の有害動物だから駆除しなければいけない」と言われました。専門家から、カゴの形をした罠と、その中にハクビシンの好きなバナナやリンゴなどの果物を入れておけば必ずすぐに入ってくるといわれて、バナナやリンゴを吊るして、家と庭の木陰の間に罠を置いたけれども、何日たっても入ってきません。一年たってもまだ入ってこない。やっと一年半たって、たった一匹入っていたのは、子供のハクビシンだけでした。私たちは大人のハクビシンを、それもできれば子供を増やすメスをと思ったのですが……。ハクビシンは、どんなにおいしい餌でも、動物的な勘か、けっして罠には入ってこなかったのです。一年半たって子供がまちがって一匹とれただけです。その餌が本物か偽物か、見抜いていたのです。

本来、人間も、毒と毒でないもの、本物と偽物を見分ける動物的な勘をもっているはずなのです。だからこそ、人類五百万年の歴史を、森の中で、野生生物におののきながら、木の実を拾ったり、若草をつんだり、海岸の貝を拾ったりして生き延びてきたのです。

そうでありながら、そのことを忘れて、現代のように、見えるものしか見えない状態になっているわけです。したがって、今、私たちにもっとも大事なことは、見えるものだけでなしに、現在ではまだ十分に把握できない、計量化できない要因も含めて、トータルとして全体を見なければいけない、ということです。また、食べ物も着る物も、とくに私たち日本人は、本音と中身がちがっても、もう平気になっています。

「カニのかまぼこ」と言われて、カニではないものに色と味とにおいをつけても、よく似ているからと、偽物とわかっていても平気で食べています。日本では、これがあたりまえのようになっています。アメリカなどでは、魚肉から作った人工のカニ肉は、魚肉製品であると表示しなければ売れないようになっていますが。とくに現代の日本人がいかに、「本物」と「偽物」とをどうでもいいと思っているかということが言いたいのです。形さえ似ていれば、味が似ていればいいんじゃないかと。そうでなしに、質のちがいを正しく理解しなければ危険なのです。

森はゆるやかな有機体

森づくりの場合にも、その土地の自然環境の総和が、本来どのような緑であったかという「本物」を見抜くことが大切なのです。かつては日本の、世界の大部分の人間が住んでいるところが、それぞれの地域に固有の森であったり、疎林であったりしたわけです。

そして、その森を支える、その土地の生物的生産能力はなんであったか。それを、残された

森の階層模式図

わずかな残存林や残存木、地形、あるいは人間によって造られた生け垣や、土壌断面、これは人間活動と自然との協働作業の縮図ともいわれますが、それら現場で自然が発しているかすかな情報を総合して見抜くのが、潜在自然植生の考え方です。

生物社会、例えば森の場合も、人間の身体のようにしっかりしてはいないけれど、一つのゆるやかな有機体です。したがって、たとえば常緑広葉樹のシイ、タブノキ、カシ林であれば、亜高木層には必ずヤブツバキ、モチノキ、シロダモが、低木層にはアオキ、ヤツデ、ヒサカキが、そして草本層にはシュンラン、ヤブラン、ベニシダ、キヅタなどが出てきます。このようなゆるやかな多層群落を形成している。

ですからわれわれは、その森が土地本来の本物、潜在自然植生に沿ったものであるか、そうでないかは、たとえ高木が欠けたように見えても、本物には必ず、それに応じた長い進化の歴史をとおして、いわゆる子分に相当する共存種がありますので、そこからも見抜くことができます。

たとえば一番よい例が、クスノキです。今、東は関東までの日本の各地域に、どこにでも植えてあります。とくに中国、四国、九州地方ではひと抱えもふた抱えもあるような老大木のクスノキが「鎮守の森」などに残されています。植物学会でも、九州の北部の山には自然のクスノキがあるといわれていましたが、現在の学説では自生は台湾までで、あとは遠い遠い昔、丸木舟に乗って日本にたどり着いた人たちが持ってきたか、あるいは海流に乗ってか、外来種であるというのが定説になっています。

それを植物社会学的に見ると、日本のクスノキには、その木に従属する、いわゆる子分、共存種が欠けているわけです。そのよい例が、神奈川県の真鶴半島です。本来はスダジイを中心にした森でしたが、木材として伐採され、その後に樟脳を取る目的もあって、明治・大正時代に植樹されたクスノキが今では立派なクスノキ林になっていますが、高木のクスノキの下には、草原生のアズマネザサや、ススキなどが生育しています。これはクスノキの本来の下生えではありません。

明治神宮には、当時の日本の領土であった台湾も含めて、全国からさまざまな献木が数十種類植えられました。その中から、本物は生き残っています。クスノキも生き残ったものの一つ

潜在自然植生の判定と植生生態学的土地評価のための手順

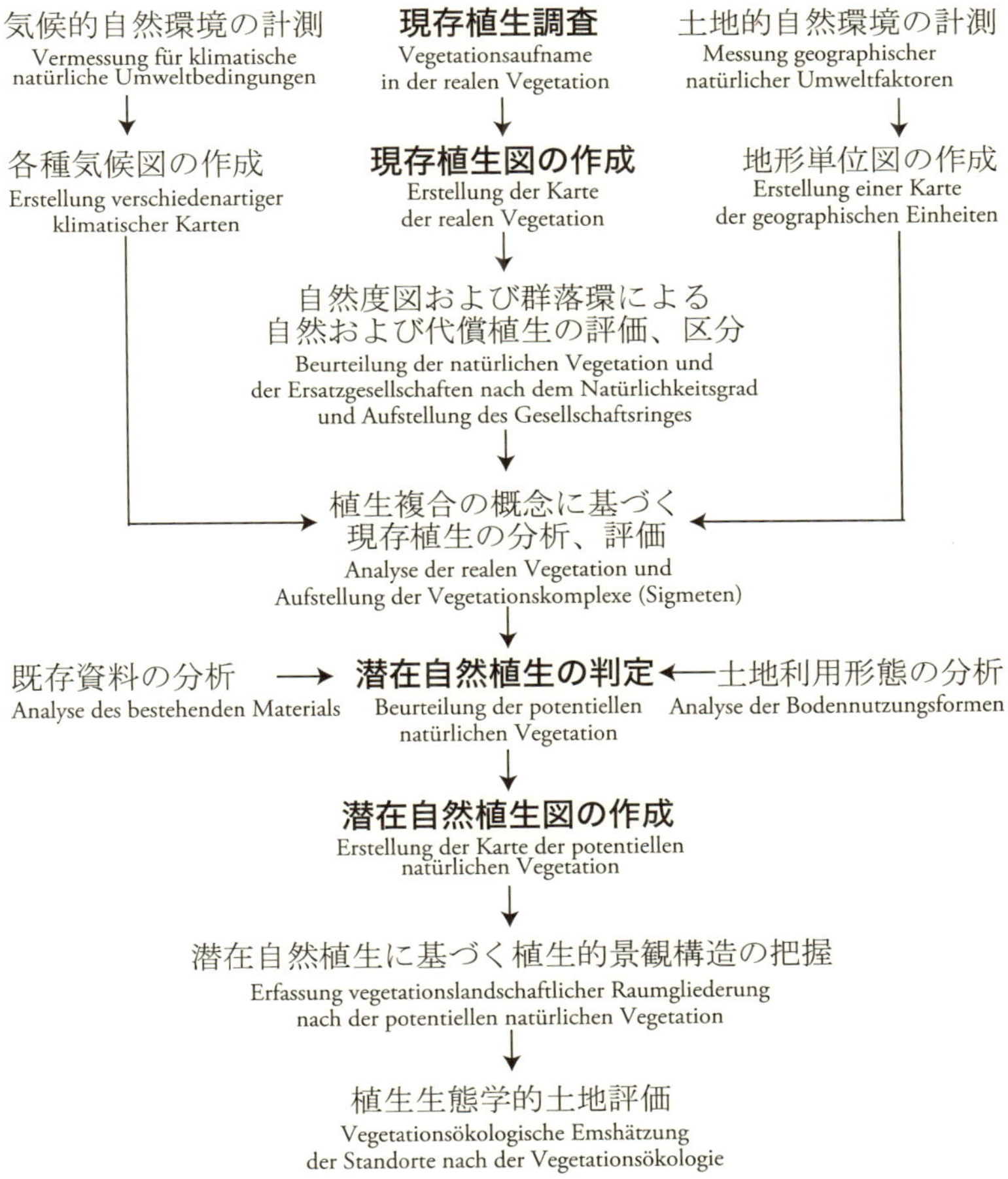

（井手・武内 1974 を改変、『静岡県の潜在自然植生』1987 より）

です。ところが、そのクスノキの下生えは、現在でも草原性のススキやチガヤなどが生えているので、私たちはその下生えを見て、この土地の潜在自然植生はクスノキではなく、それよりも小さい、現在実生で育っているスダジイやアラカシなどの常緑広葉樹林であるということを見分けることができるわけです。

四千年来続いてきた日本の「鎮守の森」

一九五八年から二年余りの間、ドイツにいた時に、最初はこの潜在自然植生の概念をチュクセン教授に目の前で教えられても、なかなかわかりませんでした。帰国命令が来て、帰らなければいけないし、その焦燥感の中で思い出したのが、子供の時に郷里の岡山県中部の吉備高原の海抜四百メートルの山間で、ちょうど私の家から五百メートルほど行った所にある無人の御前《おんざき》神社（今の中野神社）の光景でした。

娯楽のない山村で、毎年、備中神楽をするくらいしかない、何もない所ですが、一年一回の備中神楽にはみんなが集まってきました。夜の午前一時頃から開演されるその神楽の終わった朝、五時半ごろ、十一月末の寒い時、狭い境内に出たときに、やっと明けかけた空に黒い太い枝が張りだし、身震いするほどの感動を覚えたことを思い出したのです。今でもはっきり憶え

御前神社の無人の社（現在は中野神社と呼ばれている。向かって鳥居の左がウラジロガシ、右がアカガシの老大木）

ています。ひょっとしたらあれが、私の生まれ故郷の岡山県中北部山間地の、チュクセンのいう潜在自然植生の主木ではないかと。

それから帰国してみて、さっそく御前《おんざき》さんを調査しました。周りはスギの植林地や、クリ、コナラ、アベマキなど落葉広葉樹の里山の雑木林ですが、御前神社の鳥居の両側に、ひと抱えもあるような常緑のカシノキがあり、また、今は調査結果をふまえてはっきり分かるのですが、この中国地方の海抜四百メートルぐらいの所の潜在自然植生の主木であるウラジロガシ、アカガシの高木があったのです。これらを見たとたん、日本には「鎮守の森」があった、「鎮守の森」を調べれば、チュクセンのいう潜在自然植生がわかるのではないか、そう感じたのです。そこではじめて、私は忍術ではないかと思っていた潜在自然植生の本当の姿を見たように思ったのです。

四千年来続いてきた日本の「鎮守の森」の、しかも私のふるさとの無人の御前《おんざき》さんの備中神楽の幼少時の記憶から、日本での私の潜在自然植生、本物を見きわめる現地調査が始まったのです。現在では、潜在自然植生は、まちがいなく、土地本来の森を判定し、その森をつくる場合の、もっとも重要な、エコロジカルな基本となる知見であると確信しています。

常緑広葉樹は最高の緑のフィルター

みなさん、「鎮守の森」をご存じですか?

戦前、戦中、戦後を生き延びてきた私には、うれしい時にも悲しい時にも日本人の心の支えであり、地域じゅうの多くの人たちが何かといっては集まり、共によろこび、踊り、集い、拝み、そして火事や地震や台風、大津波には逃げ場所になっていた——それこそ「鎮守の森」だという感じが体にしみついています。

「鎮守の森」は、多彩な防災や環境保全の機能を果たしています。しかし戦前のある期間にこの言葉が悪用された例があって、戦後、一時は、不幸な第二次大戦や、あるいは明治以降の日本の帝国主義に疑問をもつ一部の人たち、いわゆる「進歩的」な人たちが、「鎮守の森」という言葉をあえて避けて通っていたようです。しかし、今や「鎮守の森」という言葉も復権し、私もタイトルに『鎮守の森』と名づけた本を、二〇〇〇年に出版しました（巻末の「参考文献」参照）。

しかし、「鎮守の森」こそ、世界じゅうで日本人だけが守ることができた自然の緑、土地本来の森です。人類がかつて森から出て定住生活をするようになった数千年前から、ヨーロッパや中国では家畜の林内放牧、その後は農耕などによって、土地本来の森がほとんど破壊されました。残っているとしても、せいぜい群雄割拠する各国、各地域の国境付近に、ほそぼそと残っているか、あるいはヨーロッパであれば、王族や貴族たちの狩猟の場のために残されたものくらいです。

しかし世界的にも、日本人だけは、もちろん森を破壊し、田んぼも畑も集落も、そして現在の都市や新産業立地、施設などもつくってはきましたが、世界で唯一、森の皆殺しをしませんでした。集落の中やまわり、人間の干渉に敏感な、弱い自然の山の頂上、岬などには自然の森を残し、創り、守ってきました。すなわち、そこに愚か者が破壊しないように神社や祠を創ってきました。それが「鎮守の森」なのです。ふるさとの森が残っているのです。

自然は、生物学的には、自然の一員である人間の顔のようなものです。ほっぺたのように触ってもいいところ、人がさわるぐらいではむしろ気持ちがいいくらいの大丈夫なところもあれば、目のように、指一本で大怪我をしてしまうところもあります。自然の「目」のようなところには、どんなに善意であっても、人間が指一本ふれても、だめになってしまいます。

われわれ人類の先祖は、試行錯誤の結果、山の尾根筋、急斜面、岩場や水際などの、人間の干渉に敏感で弱い自然は残し、また万一の場合に何があっても生き残れる逃げ場所を見つけてきました。他は田畑にしたり町にしても、台地や丘の上、山の中腹に、海岸に接した岬などに、ふるさとの木によるふるさとの森、鎮守の森を必ず残し、森をつくってきたのです。

日本は、そのほとんどが潜在自然植生を常緑広葉樹の森とします。常緑広葉樹は、深根性・直根性で、大地にしっかりと根をはり、あらゆる災害からいのちを守ってくれます。チュクセン教授がいみじくも言ったように、広葉樹は最高の緑のフィルターです。針葉樹はざるみたいなものですが、このようなすばらしい常緑広葉樹を土地本来の木とする日本は、すばらしい、恵まれた国なのです。

災害に強いのは、土地本来の本物の木

「鎮守の森」は、「神宿る里」として、「その森に下手な手を出すと罰が当たる」という宗教的なたたり意識で残してきた、土地本来の本物の、照葉樹林域であれば常緑広葉樹林です。神道学者の方にはそういう見方があるでしょうが、生態学的には、鎮守の森こそが、土地本来の

総タブノキ造りの徳富蘇峰・蘆花の生家（撮影・藤原書店）

潜在自然植生の判定のものさしです。これは、人間の本能だったのではないでしょうか。

もちろん、時代によっては、お寺や神社を再建するためなどで、土地本来のものでない人工の緑――スギ、ヒノキ、マツも植えてきました。例えば、日光の杉並木や太郎スギのように、また高野山の杉並木のように、鎮守の森には、スギの大木、古木がたくさんあります。スギは日本特産の木で、原名はクリプトメリア・ヤポニカ（Cryptomeria japonica）といわれ、学名にも日本の名がついている針葉樹の一種で、建築材その他のために最も日本人が活用してきた木材です。

ですが、スギだけではありません。タブノキを使って建てた古い商家があります。熊本県水俣市にある「蘇峰記念館」は、徳富蘇峰のお父さんの一敬が建てた家ですが、その母屋は総タブノキ造りです。大工さんは、スギのように使いやすくはないので、苦労されたと思いますが。タブノキは大火にも水にも強い木です。

鎮守の森には、スギやマツもありますが、多くはシイ、タブノキ、カシ林で、野鳥や小動物に運ばれたりして、立派な大木や古木が残されています。常緑広葉樹ではない常緑針葉樹のスギやマツやヒノキも植えられていて、今でも残っているものもありますが、土地本来の木ではないので災害に弱いものですから、多くは必ず自然の揺り戻し、災害――台風、地震、津波、害虫や火事、洪水によってだめになって、多くの場合、自然に少なくなるのです。災害に強いのは、土地本来の本物の木です。

本物とは、管理しなくても長持ちするものです。したがって、鎮守の森を調べれば、本来そこの潜在自然植生が何であるかを調べる決め手になります。生態学的にもっとも重要な場所なのです。その鎮守の森を、われわれの先達たちは日本じゅうの各地に、古い都市や集落の周りはもとより、田んぼの中や岬に残し、つくってきました。

ふるさとの木による、ふるさとの森づくり

琉球列島では、御願所《ウガンジョ》、あるいは御嶽《ウタキ》とよばれる信仰の場所があります。これらの場所は、うっそうとした森になったり、土地本来の古木が残っています。特に何か特別に信仰の建物がある

沖縄名護の御願所

わけではないのです。沖縄には毎年大きな台風がいくつもやって来ますが、このようなウタキの森は、台風の直撃をやわらげてくれます。かつて私は琉球大学が首里にあったころ、招聘教授として招かれて、沖縄本島の東村や、首里を訪れて調べましたが、ウタキは首里の丘の上にも名護の海岸にも、宮古島にも石垣島にも残されています。沖縄では、ウタキが鎮守の森にあたります。ですから、日本では全国的に森を守ってきたのです。

鎮守の森こそ、氏神様として言い習わされてきたのでしょうが、世界で唯一、日本人がいのちを守ってきたということの証なのです。地域の人たちのいのちや、土地そのものを守る森として残し、つくり、守ってきたのです。

国語辞典で「鎮守」をひくと、「その地域を鎮めること」と書いてあります。地域を鎮めるため、とは具体的には、自然災害に耐え、村人の心のよりどころとなることで、そのことが、いのちや文化を育てる心、感性と、自然を守るということにつながります。神社は御霊の鎮まる所であって、例えば赤ちゃんがお宮参りをするということは、健康に成長し、すばらしい人生を送るための門出の場所である、聖なる場所であるということです。いのちを守り、亡くなった人の魂を鎮め、生き残った人の未来を保証する、それが豊かな生活であり、それを支えるのが鎮守の森です。

二〇一一年、不幸な、東日本大震災が起こりました。被災した太平洋側の各地では、古くからの神社は多く高台にあり、津波をのがれました。新しくつくられた、低地にあった神社では、鎮守の森が被害を受け、ほとんど社ごと流された所もあります。しかし、そのような場合でも、タブノキなどの土地本来の木は残っているのです。クロマツは一部残された例もありますが、タブノキはほとんど残っています。そこで、日本財団の笹川会長のご支援によって、地球を守る会や、その他のメンバーのみなさんといっしょに、田中恒清神社本庁総長はじめ、地域の人、各地から集まったボランティアの人たちと、すでに八か所で、鎮守の森再生のためのポット苗の混植・密植による森づくりをしました。

鎮守の森こそ世界に誇る、日本人の先祖の叡智の伝わったものです。未来を保証するいのちの森であり、当然、先祖の魂の、いわゆる神宿る森であり、さらに防災・環境保全の森であり、逃げ場所でもあり逃げ道でもあるという、すばらしい場所です。このことを、祖先の人たちの叡智に学び、私たちは再認識すべきではないでしょうか。

潜在自然植生という考え方にもとづく私の森づくりの主役となるのが、本物の、ふるさとの木です。そのふるさとの木によるふるさとの森づくりを、どこよりもまず東京などの大都市や、樹林の少ない中・小都市で、市民のいのちを守る森づくりを、今すぐ始めるべきです（「東京に森を！——潜在自然植生からみた東京」、『環』五九号、藤原書店、一六八—一八一頁。「東京における植生科学と環境保護」同誌、一八二—一八九頁も参照）。このことは、日本人よりも、むしろ海外の人たちの方が、よく理解しているのではないでしょうか。

潜在自然植生の主木の力強さと再生力

私が一九五八年から留学し滞在していた、当時のドイツ国立植生図研究所の副所長のドクター、ウィルヘルム・ロマヤは、三か月間、私たちの日本の潜在自然植生の現地調査に、ドイツ政府の金で来日し、協力してくれました。その現地調査で、私たちは、日本各地の山の上まで行っても人工林ばかり。やっと集落の周りの鎮守の森や古い屋敷林に土地本来の潜在自然植生を判定できるばかりであるということがわかったのです。

潜在自然植生を判定する有力な手段となる鎮守の森には、土地本来の森であれば、シイ、タブノキ、カシ類や、その森の構成種である、同じ常緑広葉樹の亜高木のヤブツバキ、モチノキ、シロダモ、カクレミノや、低木のアオキ、ヒサカキ、ヤツデなどが生育しています。

たとえば、常緑広葉樹の北限といわれる本州北端の夏泊り岬の椿神社の周りの斜面には、見事な自然生のヤブツバキの森があります。伊勢神宮には、伊勢湾台風で大きな杉の古木が倒れたり、大変な被害がでましたが、関東以北には自然分布していないイチイガシの大木があり、そのイチイガシなど常緑広葉樹は被害を免れて、あの台風にも耐えているわけです。中部以西、九州にも各神社などに、イチイガシなどの常緑広葉樹の大木があります。

東日本大震災の被災地でも、釜石の北の、町長までが亡くなった大槌町で、森づくりをはじめています。そこの神社のタブノキやヤブツバキも、その下までは津波によって全部えぐられていますが、老大木は見事に残っています。森づくりからすでに三年たった、二〇一四年春の現地調査では、残っているタブノキの老大木の下で、溜まった落ち葉のあいだから、タブノキの芽生えが数十本も出ていて、本物の潜在自然植生の主木の力強さ、そしてその再生力の強さに感動しました。

大分県宇佐神宮のイチイガシ林

“鎮守の森”を世界の森へ

また、一九九八年三月に、本来は日本でやるべきですが、「神道とエコロジー」というテーマで、アメリカのボストンのハーバード大学で、四日間の国際シンポジウムがありました。私も招かれてまいりましたが、四日間、日本からも神宮皇學館の桜井学長をはじめ八十人ぐらいが出席し、世界中からあわせて四百五十人ぐらいの宗教者、宗教学者が集まっていました。一オブザーバーとして聞いていると、世界の学者たちは、驚いていました。——神道というのは正式な聖典もないし、アミニズム、多神教の生き残りであって、あの森にも、あの古木にも神が宿るというような原始宗教にすぎない。宗教というのは、神は一人でなければならない、イスラム教もキリスト教も一つの神を祀り、それをわれわれは信じていた。しかし、その結果、二千年にわたって地球の環境をだめにしてきた。ところが、われわれが非常に素朴で、宗教の形さえもとっていないと思ってきた日本土着の宗教である神道には、そうでないものが入っている——と。

また日本には仏教が入って千四百年、仏教も日本の国土になじみ、国民の生活になじんで、「草木にも仏心が宿る」というように言っている。このような「鎮守の森」を四千年来残し、創り、守ってきたというのはすばらしい、というのが総合的な評価のように私は感じました。

私はシンポジウム三日目の午後、「鎮守の森を世界の森へ」という特別講演をしました。当時はまだ、私が森づくりをしていたのは七百五十カ所ぐらい、しかし、国内はもちろん、ボルネオやブラジル、アマゾンにも既に木を植えていました。私の講演が終わったとたん、みなさんが口々に「これからは、宗教者がたんに祝詞やお経をあげるだけでなく、社会に出て、社会のために対応すべきではないか。宮脇の鎮守の森の再生のように」と言い、私は大きな評価を受けました。

その夜のレセプションでは、『ジャパン・アズ・ナンバーワン』を書いたハーバード大学のエズラ・ボーゲル教授が私のところにつめよって、力強く握手しました。「プロフェッサー・ミヤワキ、アイム・ベリー・ハッピー」――「今日、私は大変うれしくなりました。私が一九六〇年代（日本語版は六九年）に、『日本は世界のナンバーワン』を書いたときに、アメリカ人は『そんなことがあるか』というような反応だった。戦後の荒れはてた日本から、まだいくらも経っていないころだった。『おまえは頭がおかしくなったんじゃないか、日本人が、そんなわけがない』と言っていた。ところが、それから十年後、一九八〇年から九〇年代初めまで、経済的にもアメリカが妬みたくなるくらい日本は急速に発達した。ところが九一年、バブルがはじけてもう何年にもなる。今は政府も企業、各会社や各団体、家庭の主婦まで、蟻地獄に落ちたように、後ろ向きのままどんどん落ちこんでいって、私の六〇年代の予測はまちがっていたかと、最近、憂鬱になっていました。ところが、ドクター・ミヤワキ、あなたは、四千年来続けてきた、残し、守り、作ってきた、世界で唯一の鎮守の森のノウハウとその成果を、国内はもちろん、海外にまで発展させているではありませんか。このプロジェクトをさらに発展させれば、ふたたび、私の予測どおり、日本は世界のナンバーワンになるでしょう。今日は、私の主張の先見性がまちがっていなかったと、大変うれしくなりました」と熱い握手を求められました。

私たちはもう一度、世界に誇る〝鎮守の森〟を正しく見直さなければいけないのではないでしょうか。

また、一九六七年には、日本ではじめての国際植生学会日本大会を、読売新聞社との共催でやりました。その時、私が学会発表の講演で「鎮守の森」の話をしたとき、「鎮守の森」は英語にもドイツ語にもなかなか訳せない、と言われました。「ホーム・フォレスト（家の周りの森）」としても、「ネイティブ・フォレスト（自然の森）」といっても、通じない、と。

その時、第二次大戦中に事情があって箱根にいて、その後ドイツの有名なマックス・プランク研究所の動物部長になっていた、動物生態学者のゲハルト・シュワーベ博士がやおら手をあげて、「ミヤワキのいう『鎮守の森』は、下手に英語やドイツ語やフランス語に訳せるような、甘いものではない。日本人が四千年来、自然と共生してきた哲学、伝統、行動として、その姿が残されている世界唯一のものである。したがって、〝チンジュノモリ〟で統一して、日本語でいおう」というのです。

〝ツナミ〟などと同じように、今では国際植生学会では公用語になっています。

「鎮守の森」こそ、世界に誇る日本人の叡智の結晶であり、これからも守り、作り、そして育てていかなければいけないと確信しています。

第3章
「緑の戸籍簿」とは何か?
緑の診断図・処方箋づくりの旅

現地植生調査と生育調査が条件――企業・市町村との森づくり

誰にも相手にされなかった私のところに、六〇年代の終わり頃から、自然破壊や公害問題で住民運動が起こってくるにしたがって、毎日のように何十人もの各企業のみなさんが来られて、「森づくりを手伝ってほしい」と言ってくるようになりました。

しかし、当時はちょうどハシカと同じようなもので、住民が騒ぐから対応はするけれども、発展がもっとも大事だというのは変わらず、「ちょっと緑でも塗っておけば」という軽い気持ちの方が多かったような感じがしました。

ですから私は、「たんなる美化運動、化粧的なもの、あるいは一時的な経済的目的、木材生産だけではなく――それも大事ですけれども――、地域の人たちの大事ないのちを守り、地域を守り、国土を守るための本物の森づくりなら、よろこんで協力します。ただ単なる緑に化かす〝緑化〟なら、時間がありません」と、お断りしました。

また、具体的に進んだ場合には、どのような緑が今あり、本来のあるべき潜在自然植生にもとづく、いのちを守る防災環境保全林としては、どのような樹種をどのように植えてどうするか、という私たちの現地植生調査をもとにした具体的な植え方を、できればみなさんにご理解をいただきながら、地域の人とともに植えていただきたいと提案しました。

またその後、永久方形区などによる定期的な生育調査を二年、三年、五年、十年とおこない、その調査結果を含めて、単なる報告書ではなく、科学論文としても十分通用するように、欧文の要旨をつけ、写真やデータにもすべて欧文をつけて、印刷していただきました。そしてその印刷物を少なくとも五百部いただきたいとお願いしました。われわれはそれを国内外の研究者、大学などの研究機関その他に送って、その成果を残し、冷静な科学的な批判眼で、評価していただきたいと思ったからです。

〝死んだ材料〟でつくったものはすぐにだめになるが、〝生きた材料〟は時間とともに確実に育ちます。三年、五年、十年後にどうなるか、将来と比較するために、きわめて重要な、科学的な戸籍となるからです。

ですから、調査・指導の受託に際しては、ぜひ、それだけのことをしていただきたいと、かなり当時としては無理なお願いを、いつもしました。これは、研究者の立場でふつうにいのちを守る森づくり、その理念と方法、やり方について申し上げただけのことなのですが、みなさんにとってはバッシングに聞こえるらしくて、だいたい百社ぐらいの中で九十社ぐらいは、「そんなにまでして、宮脇に頼んで緑化したり木を植えることはない」ということで、多くは立ち消えになりました。しかし、中には「腹は立つけれど、あいつの言うことが本当ではないか」

ということで、その後、本社の役員が来られて、説明を受けたり、あるいは本社で話をさせられたりして、実現したものもあります。

そのようななかで、箱根の国立公園、真鶴《まなづる》半島の県立公園、藤沢市、横浜市、逗子市、平塚市などで、さらに神奈川県、長野県、富山県のように全市・全県下の植生調査を行い、そして植物群落の地球規模での確定をやり、現存および潜在自然植生図を作成し、その成果をまとめた研究論文、報告書を出しました。北海道では釧路市などで行いました。

当時の建設大学校、現在の国土交通大学校が国分寺の奥の小平にありまして、横浜から行くのは大変で半日ぐらい時間がかかったのですが、そこで二十数年間、一年に三、四回ぐらい定期的に講義をさせていただきました。また自治大学校やつくばの教員研修センターでも、各都道府県市町村の幹部の方や校長、教頭候補の先生方に定期的に講義させていただきました。

多くの場合は講義しただけでそのままになるのですが、四国では、野村ダムを造るときに現場の調査設計課長になった尾林達成さん（現在小泉龍司代議士の秘書）の尽力で、ダムの周りは見事に、斜面保全、さらに観光地になるほど、切土斜面や残土の土捨て場に、土地本来の照葉樹林の森が見事に育っています。

奈良県の橿原バイパスは、住民の反対で十年間建設できなかったのですが、当時の近畿地建、奈良国道事業所の工務課長、高野義武さん（現在ＮＰＯ「国際ふるさとの森づくり協会」理事長）

奈良県橿原バイパスの森

が中心になって、道路沿いに一九八二年三月十日、はじめて地元の小学生、父兄など千三百人で六千本を植え、その後継続して潜在自然植生にもとづく十六万本の植樹をしました。その後、道路を拡幅するため一部は伐採されたのですが、今でも立派な、全長約六キロメートルの立体的な、道路沿いの防災・境界・環境保全林が、緑豊かな道路景観林を形成しています。

さらにその成果をふまえて、中国地方整備局の、現在の出雲河川工事事務所で、斐伊川と神戸川を結ぶ放水路の切り取り斜面を利用し「千年の森づくり」が、歴代事務所長はじめ、みなさんのお力で十年続けて行われました。その後、国土交通省の海岸室長として、東日本大震災で壊滅した防潮堤を新たに作るに当たって、「いのちを守る森の防潮堤」づくりにも尽力いただいた五道仁実さん（現在関東地方整備局企画部長）などのお力で、本格的に現地植生調査、さらに植生図ができました。

「緑の戸籍簿」をどう作るか

しかし、それはいくらやっても、日本の国土全体からみれば、限られた面や点です。研究者のエゴかもしれませんが、日本列島全体の植生の現状を調査して植生図を作り、それに本来の姿——潜在自然植生にそって、それぞれの地域でどのような緑、森をつくり、育て、守れば、すべての人のいのちと遺伝子と、そして地域、国土を守ることができるかという、いのちの森づくりの処方箋を作りたいと願っていました。

何を植えてもいいわけではない。目的に応じて、どの地方にも、それぞれの土地本来の植生帯、植物群落域があり、土地固有の潜在自然植生の主木群を中心に植えなくてはいけない。植生調査をおこなったところでは、その結果にもとづき、将来の目的に応じて、それぞれの土地に適した、高木になるもの、亜高木になるもの、低木になるもの、すべての樹種のリストも付けました。

何よりも大事なことは、国際的な基準に沿った植生調査をおこない、母集団の各群落すべては調べきれないけれども、母集団から標本調査（サンプリング・メソッド）によって、永久方形区を作り、その中の被度・群度を調べた、できるだけ厳密な植生調査資料（Aufname）を作ることです。これが一番基本になる「緑の戸籍簿」です。

その現地植生調査には、調査地の地理的位置、海抜何メートルのどこであるか、どれだけの面積で、何がどのような種類が出現しているか、森や樹林の調査には立体的に高木層、亜高木層、低木層の各樹種、さらに草本層、コケ層もできるだけ含めて、量的測定は被度、その測定面積内でのひろがりの測度として群度、すなわちその出現度（出現の割合と量と、その配分）を記録した群落組成表もつけます。

これらをつくるのは大変な作業です。しかし「緑の戸籍簿」を作ってはじめて、これから十年、百年、千年、あるいは五千年先でも、その土地の一九〇〇年代後半から二〇〇〇年代前半がどういう状態であったか、あるいはどういうものをめざして、どのようなことがなされ、今それがどうなっているかということが検証できます。そしてそのデータを地球規模で比較でき

調査地番号	9	10	29	30	32	33	34	36	37	38	39	50	出現区数
調査地	多摩川河原	多摩川河原	川崎市登戸	川崎市登戸	鎌倉市大船	鎌倉市大船	相模原市橋本	横浜市戸塚	茅ヶ崎市十間坂	茅ヶ崎市梅田川西	北茅ヶ崎	崎	
調査日	26/V	26/V	1/VI	1/VI	27/IV	12/IV	2/VI	25/V	3/VI	3/VI	3/VI	10/IX	
調査面積 m²	1	1			0·9	2	4	5	3	3	3	3	
全植被率 %	90	40	30	80	65	70		65	40	70		50	
出現種数	7	6	10	8	8	7	12	8	7	11	12	13	
クサイ	4·4	1·2	·	+2	·	·	·	·	·	·	·	·	3
オオバコ	3·3	2·3	2·2	3·4	3·3	2·3	1·2	3·3	·	+2	2·3	1·2	11
カゼクサ	1·2	3·3	2·2	2·2	2·3	2·2	+	3·3	2·2	3·3	3·3	1·2	12
カントウヨメナ	+	·	·	·	·	·	·	·	·	·	·	·	1
シロツメクサ	+2	+2	·	·	2·2	+2	+2	·	·	+2	2·2	+	8
アキメヒシバ	+2	·	+2	1·2	·	·	·	γ	·	+	+2	1·2	7
スズメノカタビラ	+2	+2	2·3	2·3	1·2	+2	3·3	1·2	3·3	2·3	2·3	·	11
ナズナ	·	+	+	·	·	·	+	·	·	·	·	·	3
シバ	·	·	1·2	+	+2	+	+2	2·2	+	·	+2	·	8
オヒシバ	·	·	1·2	1·2	·	·	1·2	·	·	1·2	+2	3·3	6
ツメクサ	·	·	+	·	·	·	·	·	·	·	·	·	1
ギョウギシバ	·	·	1·2	·	·	·	·	·	+2	1·2	1·2	2·3	5
アオカモジグサ	·	·	+	·	·	·	+	·	·	·	·	·	2
レンゲソウ	·	·	·	+	·	·	·	·	·	·	·	·	1
ノチドメ	·	·	·	+2	·	·	·	·	·	·	·	·	1
タチイヌノフグリ	·	·	·	·	(+2)	·	·	γ	+	+	+	·	5
スギナ	·	·	·	·	+	1·2	·	+2	·	·	·	·	3
イヌガラシ	·	·	·	·	+	·	·	·	·	·	·	·	1
カントウタンポポ	·	·	·	·	·	2·2	·	·	·	·	·	·	1
ミチヤナギ	·	·	·	·	·	·	+	·	1·2	1·2	(+)	1·2	5
メヒシバ	·	·	·	·	·	·	(+)	·	·	·	·	·	1
カタバミ	·	·	·	·	·	·	+	·	·	·	·	+	2
ハキダメギク	·	·	·	·	·	·	+	·	·	·	·	·	1
オオアレチノギク	·	·	·	·	·	·	·	+	·	·	·	·	1
ハマスゲ	·	·	·	·	·	·	·	·	+2	+2	+	+2	4
イヌビユ	·	·	·	·	·	·	·	·	·	+	·	·	1
チカラシバ	·	·	·	·	·	·	·	·	·	·	1·2	·	1
ニワホコリ	·	·	·	·	·	·	·	·	·	·	·	1·2	1
セイヨウタンポポ	·	·	·	·	·	·	·	·	·	·	·	+	1
コニシキソウ	·	·	·	·	·	·	·	·	·	·	·	1·2	1
ヤハズソウ	·	·	·	·	·	·	·	·	·	·	·	+	1

さまざまな植生調査資料をまとめた「素表」の記入例。この素表からさらに常在度表、部分表などを作成する（『日本の植生』より）

るように、種名にも群落名にも、世界共通の学名と、さらには図面や写真にも欧文をつけます。さらに欧文摘要もつけ、もちろん引用文献もすべてつけた三部作、それをぜひ作りたいと願望していました。

まわりのみなさんは、ほとんど不可能と思っていました。私は当時はまだ四十代でしたが、八十七歳の現在思うのは、人間社会では本気になれば、一〇〇％は無理かもしれないが、九七、八％は必ず実現するということです。もし、うまくいかなかったなら、それは手抜きしているか、油断しているか、途中でやめたからです。人間、本気になればできます。

日本の会社も役所も、どこでもそうですが、なかなか理解してくれない人が半数以上いるかもしれません。しかし、私がそうであったように、理解してくれる人も必ずいます。どうかみなさん、何があっても悲観しないで、途中でやめないで、続けてください。

ですから私も、誰にも相手にされなくてもやめずに続けました。そしてその成果は五年、十年、さらに三十年、五十年と蓄積されて、誰にも真似のできない、今のところ世界で唯一の、厳密な現地植生調査にもとづく調査データになりました。それはいつまでも残る「緑の戸籍簿」です。

この「緑の戸籍簿」と比較すれば、例えば屋久島のここは一九九〇年代の終わりにはこうであった、今はこうである、それではどうしたらいいか、ということが検証でき、よりよい、より確実な未来志向の、ローカルから地球規模の、いのちと国土、健全な生態系を守る基本となります。「緑の戸籍簿」は、緑の診断図、処方箋なのです。この戸籍簿をつくることが、基本中の基本です。「緑の戸籍簿」がなければ、潜在自然植生もなにも始まりません。

私はずっと、少なくとも次の氷河期が来るまでの九千年間、われわれの未来の子孫がいつの時代でも比較して対応できるための、いのちが生き残るための、本物の日本植生誌を夢見ていました。

みんなにわかってもらうには時間がかかります。しかし、おそらくどの社会でも、キーパーソンの方にわかっていただければ、必ず実現します。どうせ成功したら、だれでも「俺がやった」と言ってくれますよ。誰がやってもいいんです。まずできるところから始めましょう。日本人は、あきっぽい。何よりも続けること、継続することが大事です。また最初から一〇〇%をめざすとできないかも知れません。私はできることからはじめていきました。

『日本植生誌』全十巻をめざして――第一巻は屋久島

最初にどこからはじめていったか。私は学生時代から、広島文理科大学で現場主義の堀川芳雄教授に、植物生態学実習などで何回も屋久島に連れて行ってもらいました。当時は広島から鹿児島まで夜汽車に乗って、さらに鹿児島から船で一晩かけて屋久島に着きました。そして徹底的に屋久島の全植生とその生育立地条件、人間活動との関わりなどを、海岸から花之江河湿原、九州最高峰の宮之浦岳（標高一九三五メートル）などを調査しました。一日で宮之浦岳の千五百メートルのところまで上がったり下りたり、花之江河湿原で、雷雨のはげしいとき、大雨が降った時は岩が突き出ているその下で野宿しながら、調査しました。

屋久島は小さな島ですが、南北三千キロメートルの日本列島の植生分布が、高山帯を除いて立体的に濃縮されています。だから屋久島を調べれば、高山帯はわからないけれども、冬も緑の常緑広葉樹の照葉樹林のヤブツバキクラス域、その上の、冬は寒くて葉を落とす落葉広葉樹林域、さらにその上の亜高山性の針葉樹林域の下限近くまで、日本列島の大部分がその中に入ります。人間生活に一番大事な植生帯を調査することができるのです。

屋久島は、林芙美子の小説『浮雲』に「ひと月に三十五日雨が降る」と記されているほど、雨がよく降る島で、土壌が浅いために、花崗岩の岩盤が露出したところや、湿原の周りには、植物の進化からいえば、今の広葉樹の時代よりも前の針葉樹の時代の裸子植物である屋久杉に象徴されるような、スギやモミなどが部分的に自生しています。本当に、まさに日本列島の縮図なのです。ですから、『日本植生誌』は屋久島から始めました。

六〇年代から二十年間かけて、どれほどていねいに調べていても、南北三千キロメートルの日本列島を人間の足で調べるのは、点と線にすぎません。それはクジラを獲る網のようなもので、実際には、もうちょっと細かい調査が必要です。それで、出版が決まった一九七九年には、屋久島にみなさんと十数回行って、野宿しながら、一部にマングローブが自生しているサンゴ礁の海岸の植生から、花之江河の亜高山の湿原植生まで、徹底的に現地植生調査をしました。屋久島の、花崗岩が露出しているような条件のきびしい岩場には、自然生、天然性のスギやヒノキや、一部アカマツが残されています。

昔から、木造家屋を造るのに、当時のカンナや斧では、硬い木を加工するのはむずかしかった。その点、針葉樹はまっすぐ伸びて、しかも当時の工具で細工ができたので、どんどん伐採されました。そのため、すでに藩政時代から御留山とされて、薩摩藩の直轄下で保護されてきました。そのおかげで大変大きなスギの大木が残っています。千年以上たったものは屋久杉といっていますが、そういう日本の自生のスギの残存林、そして条件のいいところは、標高千二百メートル以上は一部落葉広葉樹林帯ですが、山岳の大部分の、土地本来の森の構成種は常緑広葉樹になっています。まさに高山帯を除いた日本列島の植生がすべて垂直的に濃縮されています。これを徹底的に調査して、まず屋久島を第一巻でまとめました。

『日本植生誌』（至文堂）は、第一巻『屋久島』、第二巻『九州』、第三巻『四国』、第四巻『中国』、第五巻『近畿』、第六巻『中部』、第七巻『関東』、第八巻『東北』、そして第九巻『北海道』、

第十巻が離島の『琉球列島と小笠原』です。すべての地域で、私のエネルギーのすべてをかけてやりました。若いみなさんもよくがんばってついてきてくれました。

実際に活字にしたものは、いつまでも残るから、まちがいは一つもないようにしなければいけない。そういう気持ちで、校正のときも、みなさん意気込んでがんばりました。第一巻ができたときに、当時京都大学教授の上田篤先生に書評していただき、まさに屋久島は日本文化の原点である、と書いていただきました。

隣接諸科学との協力――「緑の戸籍簿」を地球規模でシステム化する

私たちがめざしていたのは、植物社会学、植生学と呼ばれる分野で、植物群落の現地調査をし、「緑の戸籍簿」とも呼ばれる膨大な植生調査資料を、地球的な規模でシステム化することです。ですから、具体的な配分を地図上に描いた「現存植生図」を作成するとともに、本来あるべき姿である潜在自然植生を図化し、各地域の今までの自然環境の構成要素である土壌、気候、地形、地質、さらには人間活動、土地利用の結果等、さまざまな問題を総合的に評価し、その成果をふまえて何を残すか、どこにどのような木をどのように植えたらよいか、という植生図を作成することです。そしてそれらの植生を支えている、把握可能な自然環境、立地診断、土地利用、隣接科学各分野の研究成果などと比較考察し、植生生態学的な基本知識を得ることです。

このようなことは、とても独力で達成できることではありません。また九州大学、広島大学、大阪市立大学、京都大学、名古屋大学、東京大学、東北大学、北海道大学などの各大学や研究機関には、それぞれ伝統のある生態学研究室があり、当時の新制大学の横浜国立大学教育学部の助教授であった私よりはるかに立派な先生方が、いわば城主のようにして、具体的な縄張りはないけれども、それぞれの地域を専門に研究していらっしゃいました。

それで、各大学の生態学の主任教授の先生方にていねいに手書きで手紙を書いて、調査研究の目的をお知らせし、自分たちの手の届かないところ、たとえば気候が専門の教授には、各地の気候について、土壌が専門の教授には各地の土壌について、実験生態学的な研究をしていらっしゃる教授には、その地域の植物生産性などについて、寄稿してくださるようお願いしたのです。

私よりかなり年上で、国際的にも著名な東京大学の門司正三教授や、都立大学の宝月欣二教授、京都大学の四手井綱英教授、大阪市立大学の吉良竜夫教授、北海道大学の辻井達一教授や伊藤浩司教授、東北大学の飯泉茂教授ほか、必要なすべての先生や研究機関にそのような手紙を出しました。たとえば古生物学分野では、当時アメリカのワシントン大学の第四細胞研究所の塚田松雄教授。

私はそのような先輩方よりはるかに若かったので、忙しいなどの理由で半分ぐらいは断られるだろうと思っていたら、幸いにもというか不思議にもというか、すべての先生方がよろこんで協力してくださり、いろいろな専門の分野の最高の研究成果をご寄稿していただいて、その時代における最高水準の総合的な『日本植生誌』を地域ごとに完成することができました。

徹底的な現地植生調査──『日本植生誌』刊行を続けるために

日本全国の植生を国際的に比較可能な、当時の最新・最高の、ローカルにもグローバルにも遠い将来にわたって比較利用可能な『日本植生誌』を、具体的な現地植生調査を基礎にして、構成・刊行を目的に、私の責任において編著書を完成することは、既存の資料だけでは不十分です。したがって、第一巻同様に、第二巻以降も各地域ごとに徹底的な再調査が必要で、それを踏まえて各巻をわずか一年でまとめるということは、大変なことでした。

当時は文部省から現地調査費もいただいていたので、だいたい三班ぐらいに分けて、四国の場合は、岡山まで夜汽車で行って、当時は宇野から連絡船に乗って、早朝、高松に着きます。そこで若い人たちには有名なさぬきうどんをご馳走しました。関東のそばはおいしいけれども、うどんは真っ黒なだし汁の味つけで私にはなじめなくて、逆に関西うどんは、かつおぶしの薄味で、関東出身の研究生たちははじめちょっと戸惑っていました。何しろ、うどんなら安い。当時、たしか一杯が並で八十円か九十円くらいだったと思います。「何杯食べてもいい」というと、学生たちは「本当ですか」と喜んで、みんな次第にその味になじんでくれ、岡山や四国や九州の調査の場合は、必ず「先生、まずうどんを食べましょう」と言ってくれるようになりました。

昼もうどんを食べ、大学から出していただいたり、チャーターしたりした車三台に、三人ぐらいずつ分乗し、地図上で三班の担当を決め、それぞれ鎮守の森はもちろん、残存林や、二次林のクヌギ、コナラの雑木林、スギ、ヒノキの植林から、水田、畑の雑草、路傍雑草、さらには都市の中の帰化植物の群落まで徹底的に現地調査し、それぞれの植生調査データを、夜、みんなで集まってまとめました。一晩寝たら次のデータが山積するので、その日のうちにまとめなければいけない。冬は寒く、夏はものすごく暑い。雨でびしょぬれになることもしばしばありました。

若い研究生の中には、今、東京農大の教授になっている中村幸人君、鈴木伸一君や、埼玉大学の教授になった佐々木寧君もいました。調査計画に沿った予算は、各調査ごとに全額彼らに渡し、その使い方は彼らにすべてをまかせました。彼らの一人が経理主任として、はじめに宿泊費を決めて宿を予約していました。教授も助教授も若い研究生もみんな同じで、四千円から五千円で一泊二食付きのような状態でした。

夜はうどん、そば、おにぎり弁当などで食事をしながら、一晩寝たらデータは死にますから、まず、現地で同定できなかった植物は、現地植生調査から宿にもどって、そのまま標本を見ながらみんなで調べて、それでも同定できなかったものは、ホルマリンをつけて新聞の間に挟んで、持って帰りました。あとは現場で書いた植生調査表（ドイツ語でAufname英語でrereve）を正式に確認して、現地で正しく同定できなかった植物標本などもみんな確認します。

植物相（フロラ）がわからなくては、始まりませんから、必死で確認して、同定していきました。

昼間、明るい間は、雨の日も、風の日も終日現地調査します。だから夜はどうしても眠い。若い人たちは、夏暑かったら「ビール一杯」とか、必ず言います。私は飲めないのですが、OKにします。食事の時にちょっとアルコールを飲ませて、私は自分の部屋で全体のデータをまとめながら廊下でやっている彼らを見ると、半分居眠りしています。「おいっ」というと、起きてあわててやり続けます。仕事が全部終わったら、好きなように飲んでもいいと言って、がんばってやっていただきました。みんな汗びっしょりになりながらも、風呂場で下着を洗っても次の日はまだ乾いていない。そのぬれたのをまた着るような状態で、日曜も土曜も休みなく、本当に前向きによくやってくれました。

一番きびしい条件と一番よい条件

人間は一般にエゴイストです。もちろん自分のことが一番大事なのは当たり前です。私も研究者としてエゴイストです。

一九八一年に『日本植生誌』の第二巻『九州』を出し、第三巻『四国』をやったころだと思いますが、その前から予備調査をしていた海外調査の研究費が、文部省で内定しました。私は、以前から、だいたい生きものを見る場合に、一番きびしい条件でどれだけがまんできるか、一番いい条件でどれだけ伸びるか。その両方をおさえたらわかると考えていました。ダーウィンと同時代の有名な植物地理学者アレキサンダー・フォン・フンボルトも、北はスウェーデンの北のほうにあるアビスコという北極圏の研究所で調査し、大航海して、アフリカ等の熱帯雨林でも調査しました。私たちも両方で調査をおこないました。

北極圏の入口のアビスコは、七月、八月は夜中の午前二時でも外で新聞が読めるぐらい明るいのです。逆に冬の半分は真っ暗です。鉱物資源があるので、鉱山は一年じゅう稼働していました。

生きものが一番よい条件としては、私たちは熱帯のボルネオ、南アメリカのブラジルアマゾンに行きました。今はアフリカのケニアも調べています。一番よい条件でどれだけ植物が伸びるか。人間もそうですが、やはり植物にも成長の限界があります。針葉樹の一部は北米ヨセミテの手前に、世界で一番高いという樹木があります。熱帯多雨林での最高は、一九二八年にドイツの学者が報告した論文で、ボルネオで六八メートルという記録があります。高温多湿が一番植物に条件がいいのですが、われわれが調査した結果、せいぜい四五メートル、五〇メートルで、六〇メートルというのはめったにありませんでした。しかし、そこまでは大きくなります。

それでは、だんだんと北極圏に近くなり、生物にとって、植物の生育にとって、寒冷で、冬の長い、きびしい条件になると、どうなるか。まずトップが責任を取らされます。四〇、五〇メートルの、熱帯のよい条件では一番威張っていた超高木層——たとえば北半球ではボルネオの超高木層ポペヤ、ショレヤ、ディプトロカルプスなどの各層のフタバガキ科の樹高四〇～五〇メートルでの木が、赤道直下あるいは周辺から北に向かうにしたがって、超高木層はなくなり、だんだん暖温帯、温帯となると日本の九州、四国、本州の大部分を占めている照葉樹林とも呼ばれているシイ、タブノキ、カシ類が主の常緑広葉樹林帯となり、山地、北海道はミズナラ林となります。それからさらにシベリアのタイガなど冷温帯、寒帯といわれるような北極圏に近くなると、高木がだめになり、亜高木がだめになり、低木がだめになり、最後はトナカイの餌になるような、地表にはりついて生育している地衣類、地表にはりついて生育するヤナギ(Salix Procumbens)などの単層群落となります。

熱帯多雨林から、地衣類だけの世界へと変化していくのです。したがって、南北の両極端を調べると、大変面白い。地球上の植物、植生の生長の限界がわかり、地球上のすべての植物、植生は、その枠の中での生長であることがわかります。たぶん人間社会も含めての、成長、発達の可能性と生長、生存の限界がわかるはずです。

一番よい条件、ボルネオの植生調査へ

すでに一九五〇年代から、京都大学の四手井綱英教授や大阪市立大学の吉良竜夫先生、京都大学の今西錦司先生、梅棹忠夫先生などの先駆者のもとで、みなさんがヒマラヤや東南アジアの熱帯雨林調査で、高山や熱帯に行っていらっしゃいました。われわれが後から行くと、「これは吉良教授たちが泊まったところだ」という宿や民宿があったものです。

私は新制大学の横浜国大ですから、企業からも文部省からもなかなか理解を得られない。文部省の学術国際局研究助成課長の手塚晃課長にお願いに行きまして、「ぜひ熱帯雨林、ボルネ

オも調査させていただきたい」といったら、「悪いんだけど、宮脇先生のところはたっぷり予算をつけて、今、日本列島の『日本植生誌』を作っていらっしゃるじゃありませんか。両方はできないから、それは後にしてください」と断られました。隣で、後に文部科学大臣になられた遠山敦子課長補佐が黙って話を聞いてくださっていました。

どうしてもだめだというので、当時図書課長で、その後、出雲の市長を二期やられた西尾理弘課長が、当時、人間生存に関するユネスコ関係の重要な会議を担当しており、その中に私も入れられていました。そちらでは海外についても対応するので、私はそこにお願いに行きました。六〇年代に予備調査に現地のボルネオに行っており、「大変なところですが、科学者として非常に興味深い」とお願いしたところ、「そこまで言うなら」ということで、ボルネオの植生調査に予算を付けてくれました。三人分予算が付いたので、やりくりして、六人以上連れていきました。

そうするとうれしい反面、一方で『日本植生誌』は毎年三月二十七日までに完成本を五部、文部省に提出して、それの評価を受けて次の予算、印刷費が通るというわけで、ボルネオ調査との並行で大変なことになりました。しかしエゴイストの私は、なんとしても両方やりたいと思い、死にものぐるいでがんばりました。

東南アジアのボルネオ岳では、木の上に泊まることになるので、女性は大変だろうと配慮し

ボルネオ、サワライ州のランビル国立公園に残されている熱帯雨林

て、当時助手の藤原一繪君を中心にしながら『日本植生誌』の資料、原稿整理をやってもらいました。それで私たちは十一月の末から二月まで三か月間、毎年ずっと続けてボルネオの現地に入りました。ジャカルタ空港、当時のインドネシア側から入国、入山などの手続きのさいに、インドネシア側に賄賂を取られたりして大変でしたが、対応にバリクパパンの奥地で作業していた三菱商事とインドネシア側の合弁会社の協力を仰ぎました。バリクパパンまで飛行機で飛び、そこからリコー川沿いに一日内陸に進むと、三菱商事の木材伐採の最前線基地がありますす。そこの掘立小屋に泊まり、さらにそこから奥に入って調べました。私が専門

とする「土地本来の緑の姿——潜在自然植生」を把握するためには、人為的なすべての影響のない原生林を調べないと、何がその土地の潜在自然植生で本来の森なのか、わからないからです。人間が行っているところは、ほとんど二次林などの代償植生です。

森林伐採の最前線の基地までブルドーザーに乗せてもらって、現地の若者は一日、当時は缶ビール一本、四百円で一人雇えましたから、三人から五人ほど雇い、彼らに現地での宿泊、調査用具などのたくさんの荷物を持ってもらいました。目的地に着くと、われわれが植生調査をしている間に、下は動物で危ないので、地面から一メートルぐらい上のところに、彼らが半日ぐらいかけて、小さな木を伐って、木と木の間に並べて簡単な空中ベッドを作ってくれます。上はヤシの葉っぱや、日本から持ってきたビニールを被せて、その木の上に寝泊まりしながら、三年間ボルネオ、カリマンタン側で現地植生調査を続けました。調査は非常にきびしかったけれど、私も若かったので、そういう経験も大変楽しかったです。

ボルネオの調査が終わって二月に帰ったとたん、今度はすぐ三月末までに『日本植生誌』を一冊出版しなければなりません。印刷所に泊まり込みながら、至文堂の編集長の川上潤さん（後に社長）のもとで、徹夜で校正を続けました。一冊が五百ページです。私は他の人に書いてもらったところも、全部自分の著書だというつもりで、すべて自分の目で見て、直させていただきながら一貫した内容の文章にしました。

現場では、若い研究者たちは植生調査紙に、把握可能な立地条件を記入します。そして国際規準にそった植生調査法で、均質植生の母集団から植生測定の方形区を設定し、その中のすべての植物出現種を、高木層、亜高木層、草本層、さらにはコケ層まで、各出現種の量的測定（被度五階区分の量的測度）をしながら記入しました。さらに各調査区内の出現種の生育状態、すなわち群度によるひろがりも、五段階の国際規準にあわせて測定し、森のような垂直方向の多層群落では各層ごとに記入しました。そして、「緑の戸籍簿」である非常に細かい現地調査のデータを記入した表を作成しました。

それらの群落組成表を、一字も、一桁もまちがいのないように、校正をし続けて、三月二十七日に間に合わせました。最後の方になると、川上編集長に「宮脇先生、いいかげんにやめてください、直すといって、また元に戻っているじゃないか」といわれるぐらい、研究者はエゴの塊ですから、徹底的に現地調査から本の最終校了までやりきりました。そうなると、もう若いみなさんもへとへとでした。（なお、植生調査法、群落組成表の作成、群落単位のローカルから地球規模での比較可能な体系化などの作業手順については、宮脇編著『日本の植生』学研、他を参照してください。）

環境科学研究センターの設立

第四巻の中国地方の現地調査をするころ、昭和四十八年（一九七三）に、文部省は、日本の国立大学ではじめて、「環境科学研究センター」設立のための予算を、新制大学の横浜国大につけてくれたのです。その中心に私がなってほしいというのです。天にものぼる心地でした。

工学部の安全工学科には九講座あったのを、そこの北川徹三主任教授と事務局長（文部省から出向した方）に、「新設するセンターに、植生学講座と環境工学講座を入れたいから、一講座出してほしい」とお願いしました。ふつうなら断られるのですけれども、松野武雄教授らの環境工学講座を供出していただき、環境科学研究センターが二講座で、新しくつくられました。

その時に、工学部の田口武一主任教授は、「じつは、宮脇さんに工学部の私の学科に来てもらおうと思っていたんだけれど、文部省から新設のことをいわれたので、よろこんで出します」とおっしゃってくださいました。

このようにして、日本の国立大学で初めて、小さいけれど学部なみの環境科学研究センターの体制が整っていきました。そして私の講座では教授一名、助教授一名、助手一名、事務員一名も増やしてくれました。今は一人増やすのも大変ですけれども、当時でも本当に画期的でした。松野教授には、センター長をお願いしました。

ちょうどその時に私が助教授から教授になりましたので、助教授として、千葉大学の造園学科を出て、国立科学博物館付属の目黒の自然教育園にいた、植物の分類にくわしい奥田重俊君になってもらいました。非常にまじめで、しかも植物の名前をよく知っている青年でした。

「学位を持っていない人間をいきなり助教授にするのはいかがなものでしょうか」というご意見もあったのですが、「いや、彼は優秀だから」と了承してもらいました。奥田君は、非常によくやってくれ、その後、東北大学飯泉茂教授のところで学位をとり、私の後任の教授にもなりました。助手は、藤原一繪君です。

また、植物の生育にとって、生育地の土も大事だからというので、かなり無理をしながらもう一つ、土壌生物の講座を作っていただきました。そこでは、教育学部出身の原田洋君が、土の中のダニ類の研究をしていました。そして、ササラダニの研究をしている青木淳一さんたちにも、私たちの環境科学研究センターに来てもらいました。青木さんは、国立科学博物館にいる頃、ドイツ語で論文を書いていたのを、私がたまたま読んで、内容もしっかりしているというので、館長になかなかしぶられたのですが、半年かけて口説いて、やっと来てもらいました。

『日本植生誌』全十巻の完成

植生調査には、講座のみんなでいっしょに行きました。ただ、『日本植生誌』は植物ですから、青木教授の土壌生物の講座にはお願いせず、他のみんなで交替で仕上げました。

とくにボルネオから帰ってからの二月、三月は、家に帰る余裕もないぐらいの状態で、最後は凸版印刷に泊まり込んで校正しました。そのころはほんとうに大変でしたが、なんとかやろうと思っていました。そうしましたら、みなさんが相談したのか、奥田助教授が真剣な顔をして私の部屋に来まして、「先生は、私たちを殺すつもりですか。とてもこの両面作戦では身体が続きませんから、みんなと相談して、『日本植生誌』を一年休ませてほしい」というんです。いっぺん休むとせっかく十年間といっているのが、今度どうなるかわかりません。だから、「大変だけれど、俺も一生懸命やるから、みなさんもがんばってください」とお願いして、やっていただきました。

このような研究費をつける場合には、十年間という内諾はあっても、実際には毎年、たとえば東大や京大の大家の教授が委員となる審査委員会が文部省で開かれ、その委員会の審査に通る必要があるのです。

四年目の時、文部省（当時）の科学研究費の研究助成緊急公開促進費、すなわち出版費国費補助金審査会の委員会の中で、「宮脇さんの仕事は立派だけれども、パイは一つである。だから宮脇さんに十年間も続けてやらせると、他の大学の研究者に予算がいかなくなるから、一年休んでもらったらどうですか」という話があったようなのです。私はそれを知らなかったのですが、ある日、現地調査から帰ってみたら、文部省から一枚の葉書が来ていました。見ると、「第四回目の印刷費は補欠」と書いてありました。私はびっくりしまして、せっかく苦労してやっているのに、もしここで一度やめたらもういつできるかわからない、絶対に続けなければいけないと、すぐ文部省に飛んでいきました。「こんな葉書が来ていましたが、私たちは十年間続けます」と。そこには西尾理弘さんや、手塚晃課長、遠山敦子課長補佐もいらっしゃったと思います。「宮脇先生、そんなにきびしい顔をしないで帰ってごらんなさい、何か通知がいっているはずです」と言うんです。帰って郵便物を見たら、刊行を続けられるようになっていました。

今だから言えますが、委員会でそういうことが決まったら、文部省でも拒否することはできません。ただ文部省は研究費の予備費をもっているらしくて、それで配慮していただいたようです。その後、委員会で「どの研究成果公開促進費も三年を限度とする」と決まったのですが、「現行のものはその限りにあらず」、つまり今走っているものはそのまま続けてよいという但し書きがついていたのです。本当に頭のいい人がいらっしゃると思い、今でも感謝しています。

このように、みなさんが死にもの狂いでよくやってくれたおかげで、『日本植生誌』全十巻は完成しました。文部省にも、刊行費について大変ご配慮をしていただきました。『日本植生誌』完成により、紫綬褒章をいただいたり、朝日賞をいただいたりもしました。

今、世界各地に現地調査や学会で行きますと、アメリカの有名なワシントンのスミソニアン研究所や、ニューヨーク大学でも、招かれて図書館に連れていかれるのですが、必ず『日本植生誌』全十巻がそろっています。これは、英文、ドイツ語のサマリーや注釈を必ずつけているからなのです。もちろん私の日本語の報告書も、すべてそうしています。

私たちが刊行した『日本植生誌』には、それぞれの巻に、すべての植生調査資料、各群落組成表をつけ、別刷として縮尺五十万分の一、十二色刷りの「現存植生図」および「潜在自然植生図」の両植生図をつけています。

本文は各巻五百ページ以上で、あとで計ってみたら、全十巻で三十五キロ、六千ページ以上です。

研究室のみなさんとともに

本当にこれは、いっしょに苦労して研究してくれた研究室のみなさんのおかげです。研究室のみなさんには、徹底的に私の研究プロジェクトの一員として研究してもらいました。しかし、その時間以外は、いっしょにデータをとった現地植生調査資料「緑の戸籍簿」は共有とし、自由に使ってほしいと言いました。そして時間外にまとめて論文になったものは、最初は宮脇との共同研究として、あとはそれぞれ自身の名前で論文を学会から発表してもらい、それらをまとめてもらいます。

私は学位授与権を持っていません。現在では学位取得は比較的容易のようですが、当時はけっこう大変です。まず学位授与権をもっている教授がそれぞれの大学の学部学生、いわゆる子飼いの学部生を持っています。したがって、他大学からお願いするさいには、その大学の学部生以上にしっかりした研究論文でなければならない。そして学位審査会では担当教授から、本人に代わってしっかり申請者の論文の学術的内容について説明し、審査を通さなければなりません。私の研究生の学位取得申請は、私の知っていた東北大学、広島大学、九州大学の各教授にお願いしました。

ある年、東海大学の海洋学部を卒業した青年が、私の研究室を訪れ、「ぜひ横浜国立大学の私の研究室の研究生として植生学の研究をさせてほしい」と言ってきました。生物、植物には直接関係のない学部の卒業生でしたが、「本気でやるならできる」と受け入れました。ブナ林の研究をはじめとてもがんばったので、その論文を学位請求論文として、草原生態学が専門の東北大学の飯泉茂教授にお願いして、学位を授与していただきました。

後で仄聞したことですが、審査会である教授が「飯泉さん、これはあなたの専門とはちがいますが」と質問され、「そうです。しかし横浜国大の宮脇教授が責任をもつと言われた」ということで抵抗されたそうです。ドイツでは、学位授与教授はドクターの父（Doktor Vater）と言われるくらい責任が重いし、いただいた者は、生涯恩に着るほどです。ちなみにこの若者、中村幸人君は現在東京農大の森林生態学の教授として、北方針葉樹林の研究などで国際的にも評価されている研究をつづけています。

私のところに来てくれた学生は、十九人のみなさん全員に学位を取っていただいています。今はもう定年になった方もいるけれども、その中の一人に、東北大学の生物学科を卒業し、学位授与権のある同大学大学院に残らず、学位権のない、当時の新制大学の、私の植生学研究室に来てくれた鈴木邦雄君がいます。彼は沖縄の植生学研究で学位をとり、当時の経営学部長の藤田忠先生の助手になり、その後エコロジカル・ビジネス分野でも研究活動を進め、経営学部教授、学部長を経て、横浜国立大学大学長を二期六年務めています。その他、埼玉大学、東京農業大学などの教授として、また私の停年直後に文部省、神奈川県、県内市町村、各企業のみなさんの努力で新設された国際生態学センターの研究員などとして、活躍してくれています。

横浜国大在任中から現在まで「来る者これを拒まず」で、みなさんに私の研究室の研究目的に向かって、徹底的に共同研究に協力してもらいました。私も必ず、彼らの全員が職場を得るための努力はいとわないで、一生懸命、その面でもがんばってきました。

人との出会い――あなたにしか、私にしかやれないことがある

人生はギブ・アンド・テイクで、お願いしたときには、何かの形で返す。それが私の主義です。ただ働きはようさせません。しかし、それをよろこんでくれる人も、必ずしもそうでない人もいます。いろんな人の中には、いくらやっても「なんだ、こんな遅くなって」とか、「これだけか」と、いつもネガティブにとられる人と、たった一つほめても、それを生涯忘れないで感謝している人とがいます。

私も長い人生の中で、本当にお世話になったことは一生忘れません。小学校一年生のときに、田舎で脊椎カリエスや腎臓病で一学期も行けなかったときに担任になって下さっていた、女学

校を出たばかりの代用教員であった藤本文子先生から受けたご恩はいまでも忘れません。尊敬しています。

一期一会というけれども、今日まで生きながらえて、『日本植生誌』ができたのも、現在まで研究できているのも、「人、人、人」のおかげです。本物の人と巡り合ったら、きちんとその人に対応することです。

たまにふるさとの岡山県、今の高梁市、当時の川上郡吹屋町中野に帰郷して、尋常小学校の六年生まで一緒に通っていた八木隆君、高田真一君や他の同級生に会うことがあります。当時はみんなわんぱく坊主で、一年間で一学期分も国定教科書がすすまなかったこともあります。そして当時の中学、高校、大学に行かなかった方たちも、今は、立派な大工の棟梁になったりして、堂々と生活しています。

人間は、植物もそうですが、その能力をどのように発揮するかです。大学に行ったから偉くなるのではなくて、自分のポテンシャルを引き出すか引き出せないか。そして人の能力は、人の顔ほど多様です。あなたにやりたいことが見つかり、それをあなたが生涯続けてやり続ければ、社会が、あなたしかやれないことを要求するはずです。私はそういう意味で、本当に人、人のお蔭で現在がある、と感謝しています。

そして口はばったいようですが、『日本植生誌』はおそらく私の生きている間に、これ以上のものは出てこないと思います。それくらい自信をもってやりました。ただ『日本植生誌』を作ってそれで終わりでなくて、それを基礎に、どのようにして本物のいのちの森を、そして美しい日本の国土をつくればよいか、日々格闘しています。

緑の多い日本の国土は、もっとも自然災害の多いところでもあります。また人災もあります。何にも耐えて生き延びる、日本人のいのちと心と遺伝子と文化を守る、そして国土とさらに地球と人類の未来を守るための森づくりを進めたい。そのための科学的脚本として、もちろん具体的にはさらに細かく現地調査しますけれども、おおまかには『日本植生誌』全十巻を見ていただければ、だいたいの基本的なことを、みなさんにもご理解いただけると思います。

硫黄島、南鳥島などの植生調査

『日本植生誌』の第十巻、沖縄および小笠原諸島の植生を現地調査するとき、沖縄はすでに復帰前から調査していましたので問題ありませんでした。小笠原諸島も、伊豆大島などはたびたび学生の実習で連れて行っていました。

海洋島として、小笠原諸島というのは特異な立場にあり、その一番南端にある硫黄島、また東端にある南鳥島も調査したいと思いました。しかし、硫黄島や南鳥島は民間人の立ち入りが制限されており、交通手段もなく、なかなかふつうでは行けません。長い間、米軍の占領下にあった硫黄島は、返還後も日本の民間の飛行機も船も行っておらず、自衛隊の基地になっています。硫黄島には海上自衛隊と航空自衛隊の基地、南鳥島には海上自衛隊の基地があるので、防衛庁に文部大臣の名前で公式の依頼状を出していただき、許可を出してもらいました。

いよいよ現地へ行くのは、幸いにも埼玉県の入間基地にある自衛隊の航空自衛隊基地から、大きな軍用輸送機に乗せられて、たしか四時間近くかけて硫黄島の飛行場に着きました。自衛隊関係の方以外、住民はまったくいない島でしたが、自衛隊のみなさんには大変よくお世話をしていただいて、幹部宿舎にわれわれも泊めていただきました。そして昔の階級で海軍少佐にあたる三佐の方が、じかに連日、責任をもって私たちを各地に案内してくれました。

島では、米軍管理下にある時、かつて日本の農家の人たちが飼っており、住民の引き揚げのあとも熾烈な戦禍に生き残ったヤギが野生化して、天敵がいないためにどんどん増えていました。ヨーロッパや中国では数千年かけて、またわれわれが調査した南半球、オーストラリア、その隣のニュージーランドでは、西欧人が家畜としてヤギ、ヒツジを導入して、わずか八十年で、ほとんど全地域が日本の芝生公園と同じように、きれいに刈り取られた状態になりました。

硫黄島も、天敵がいないためにヤギは野生でどんどん繁殖して、他の小笠原諸島の各島もそうであったように、毒性のあるものや、よほど嫌なにおいのする木や草を除いて、ほとんど裸地状態になって、本来の自然の森は、それまでの住民による伐採や、太平洋戦争の戦場としての激しい砲弾の中でも生き残っていた最後の残存木も、草もほとんど食べつくされて、急斜面に一部残っているにすぎませんでした。土地本来のアコウやその他の木もみんな食べ尽くされていました。

そして、米軍が最初に上陸した砂浜で、海岸植生を調査して砂を掘っていると、無数の機関銃等の薬莢が埋まっていました。いかに太平洋戦争最大の死闘が弾幕の中で繰り返されたかがわかります。またすり鉢山の岩肌に日本の陸軍や海軍陸戦隊が掘って設けた塹壕が崩落し、映画その他で有名な、星条旗を最初にアメリカ海兵隊が立てた山の頂上も含めて、ほとんど自然植生は失われていました。

しかし、急斜面の一部には、わずかに自然植生が残されていました。硫黄島の調査が終わると、今度は、やはり自衛隊の輸送機で南鳥島に向かい、南鳥島の調査をおこないました。いずれも土地本来の森は少ないのですが、しかしわずかに残っているものから、現存植生と潜在自然植生の調査をしました。

日本列島は、かつて大陸と陸続きであったり、人の交流が盛んであったから、ユーロシベリア大陸——すなわち中国大陸や朝鮮半島、南はフィリピン、タイなどとのつながりを証明するような樹種や、共通木もあります。

しかし、太平洋の中に火山で隆起した完全な独立島であるこの小笠原諸島、とくに硫黄島のようなかけ離れたところでは、本土とはまったく関係なしに、海鳥などによって運ばれたり、かろうじて波に運ばれて、奇蹟的に着いた種から出た、独特の、特異な植物群落があり、大変生態学的にも興味のあるところで、『日本植生誌』最後では、たっぷりと、沖縄も含めての現地植生調査資料、さらに多数の写真をまとめることができました。

北アメリカ東部と日本列島の植生比較

『日本植生誌』最終巻の十巻目『沖縄・小笠原』の現地調査が終わった一九八九年からは、北アメリカ東部文化帯との比較研究を進めました。せっかく日本列島全部の植生を『日本植生誌』にまとめたのだから、地球規模で対応したいと考えるようになったのです。

すでに幕末の頃、一八五九年に、日本のフロラ（植物相）が、北アメリカ東部のそれと似ているという植物学者アーサー・グレイの論文があります。日本列島南北三千キロにほぼ匹敵する北アメリカ東部、アパラチア山脈から大西洋岸までの南北三千キロは、植生がよく似ているという報告が出されているのです。しかしそれは植物の種類が似ているということで、植物群落については、当時はまったく何の関心もありませんでした。

それ以来、だれも行わなかった調査です。北アメリカのアパラチア山脈から、大西洋岸のカナダのケベック、トロント、ボストン、ニューヨーク、ワシントン、フィラデルフィア、コロンビア、ジョージア州のアトランタを経て、アメリカ最南端、マイアミの南の島キーウェストまで、現地植生調査をはじめました。日本列島では、北海道の稚内から、沖縄の南西諸島の西表島、波照間島の南北三千キロにほぼ匹敵します。

北アメリカ東部は、現在の世界の文明の中心地です。日本列島との比較研究をぜひしたいと、文部省に申請しました。幸いにも『日本植生誌』が着実に毎年できていたことも含めて、一九八八年、八九年、九〇年、そしてまとめ的にさらに九一年と、文部省の海外調査費が確定しました。

私たちは、今まで共同研究をやったり、国際植生学会でもよくお会いし、しかもドイツの研究所にもいてドイツ語が堪能なジョージア大学のエルジン・ボックス教授に連絡しました。ボックス教授は日本にもときどき来てくれて、当時の東京大学生産技術研究所の客員研究員を二年つとめていました。みなさんの協力を得て、日本列島と北アメリカ東部文化帯の比較研究を、具体的にはじめました。

毎日、ボックス教授の助手の若いドクターたちが交替で車を運転してくれました。日本からのメンバーは「ぜひ運転したい」と言うのですが、彼らは「いや、責任は俺たちにある」といって、絶対に日本人には運転させませんでした。高速道路を走っていると、両側にタイヤの壊れたのがいっぱい残されています。何百キロ、何千キロの高速道路を、重い荷物を背負ったトラックなどが行くときに、タイヤが壊れたり、破れたりすると、それをそのまま放棄しているのが異様でした。

日本は島国ですので間にかなり海が入りますが、北アメリカは日本の国土の二十三倍、広大なアメリカ大陸の東端です。日本は数千年かけて森が破壊され、文明・文化が発達していますが、北アメリカは二、三百年です。かってネイティブのアメリカインディアンだけが生活していたころには、農耕文化は行われていませんでした。日本の北海道のアイヌの人たちと同じように、狩猟文化です。したがって、土地本来の森、自然はそのまま残されていたのですが、欧米人が入って数百年で、世界のトップの産業、文化・文明の中心地帯を形成した半面、急速に土地本来の森が破壊されているのが、東部北アメリカです。そういう意味でも大変面白い比較であると、計画を立てて、現地調査をすることにしました。

はじめから、アメリカの各大学の生態学の教授のみなさんに協力をお願いして進めたのですが、最初は、われわれアメリカの学者が一生かけてもできないようなことを、日本人がわずか三、四年でできるかと、やや冷めた気持ちでいる人もいたようです。が、幸いにも現地に行くと、みなさん積極的に協力してくれました。

私の前の国際生態学会会長をしていた、ジョージア大学のフランク・ゴーリー教授が大変熱心で、各大学の生態学の教授、研究者にすすんで連絡をとってくれました。毎年三か月以上、はじめは『日本植生誌』の北海道、沖縄、小笠原の現地調査と並行しながら、まず十九人乗りのバスをチャーターし、そのバスに乗り込んで、事前に主な自然植生が残っているところ、あるいは問題のあるところを、現地の研究者たちにもお願いして確認していたところを主に、徹底的に現地植生調査しました。

海岸からアパラチア山脈までの南北八百キロに高速道路ができていて、そのために自然が破壊された道路沿いや、あるいは北方針葉樹林ともいわれる、カナダのケベックの北からノヴァスコシア半島という大西洋に突き出した島も含めて、時には一日に八百キロメートル以上飛ばしたこともあります。

ジョージア州などの南部では、非常にナマズが多くて、高級ホテルから学生食堂まで、顔がネコに似ているからキャットフィッシュという、ナマズの柔らかい肉が必ず出てきました。また、ミシシッピーの河口のニューオーリンズで有名な料理はワニのスープとワニの照り焼きです。ニワトリと同じようなやわらかい肉で、土地の人たちの常食です。

ノヴァスコシア半島の北端の小さな漁村では、はじめて日本の研究者が来るというので、ご馳走してくれて、「いくらでも食べろ」と大きなロブスターを満喫させていただきました。

率直にいえば、当時のアメリカでは、日本人にすぐなじめる食事というのは、非常に少ない。日本料理の店も、ニューヨークには何十軒とあったけれども、三倍ぐらい高い。アメリカの海鮮料理なども料理の仕方がちがうのか、地元産といっても大西洋で獲った大型のヒラメのようなもので、味が十分ではありませんでした。

ニューヨークでたまたま町へ出かけたところ、「ワンダラー（一ドル）ステーキ」という大きな看板をかけた、タイの人が料理していた店があったので、現金は少ないけれど、一度ならいいかと、若い研究者たちに「ここなら何枚食べてもいい」と言いました。みんな喜んで、そのステーキを注文したら、皮をむかない大きなジャガイモ一つと一緒に出て来て、古い靴の裏を噛むようで、固くて食べにくかった。それきり学生たちは「ステーキ」と言わなくなりました。そのあと、ニューヨーク大学の教授の家に招かれて、その話をしたら、奥さんが笑いながら、「それは食べる肉ではない、ダシを取る肉です。食べるステーキはこれですよ」と出してくれたのはとてもおいしかったのを覚えています。

研究費が必ずしも十分でなかったので、ふつうのホテルには泊まれず、幸いにアメリカには都市の郊外には必ずモーテルがあります。外から見れば平家のようですが、中は日本のビジネスホテル以上に立派で、部屋の中もゆとりがあり、シャワーもありますので、そういうところを利用し、拠点として、現地調査を進めていきました。

アメリカの自然保護の考え方

カナダのケベックや、ノヴァスコシア半島の北のほうは、北海道の大雪山系や阿寒、または日本の高山帯にあるような高山植生です。そして、北極圏を中心に、ヨーロッパのスカンジナビア半島、シベリア、カナダ北部、アメリカ北部の一部、北部ユーラシア大陸と、太い帯状に、周極要素と呼ばれる北方針葉樹林帯になっています。

さらにそこには、日本とはちがい、何層にも厚い氷河が押さえているために、花崗岩などの石の上に氷河の流れの跡が残っているようなところがあります。その間の凹状地に発達している高層湿原などのきびしい条件下では、ほとんど同じ植物の属であり、場所によっては種も同じになっていることがわかりました。

たとえば、高層湿原のミズゴケ類としては、高層湿原の小さな凹凸の上や中にイボミズゴケ、チャミズゴケ、ムラサキミズゴケが、スカンジナビア半島、ドイツ北部、そして日本の北海道のサロベツ湿原、釧路湿原と同じ種のミズゴケ類が生育しています。またカナダの北方針葉樹林帯の中に残されている湿原でも同じです。そのような地球規模での比較研究調査を進めてきました。

北海道サロベツの海岸湿原と、ミズナラのマント状植生

自然林や、国立公園などの自然の残っているところでは、レンジャーがきびしいトレーニングを受けて、制服・制帽で、中にはピストルや拳銃も持っているのもいるのですが、やさしく、きびしく、私たちを案内・指導してくれました。

ネイチャー・トレイル（自然遊歩道）は、日本でも東海自然歩道などでつくっていますが、日本の場合は道路や川に、鉄筋コンクリートやセメントで擬木や橋が造られています。ところが、向こうでは道路も橋も木製の手づくりです。不思議に思って、「なぜ鉄筋でやらないか」と聞くと、彼らは「ここは自然保護地域です。自然の森です。したがってなるべく自然のものを使う」と言います。「長く持たないだろう」というと、「鉄筋ほど持たないかもしれない。しかし、現在日本でも多い、それぞれの地域の自然保護団体やＮＰＯが、アメリカでは昔から伝統的に非常にさかんで、積極的です。彼らに地元の政府がお金を供給して、彼らが手づくりで自然倒木などを使って橋にしたり、人が通るところだけは道をつくっているのです」と言うのです。

林縁のマント群落も破壊しないで道をつくっています。「森の中では、人間はお客様であって、お客様が無断でよその部屋に入り込まないように、森をつくる」と。そういう自然保護の本質的な考え方、現場での対応も非常によい、きびしかったけれども快適な調査条件下で、連日、現場での植生調査・研究が三年間できました。

自然保護地域ですから、海岸林から山地まで、野生動物がいます。生物多様性ですから、人間の側からいえば害虫、毒虫と言いたいような虫も当然、自然の一員としています。何もかもいろんな生物がいるのです。

一番の問題は、アパラチアダニという、目に見えない小さなダニです。森の中を歩いていると、体の中の皮膚の下に棲みこんで、血を吸います。しかし、日本のように、殺虫剤や蚊取り線香などは「自然保護地域だから」といって使わせません。赤くはれて、かゆい。日本に帰ってから半年か一年ぐらい、そのままかゆさが残るくらいです。アパラチアンダニがいる所には、時にはいのちにも関係があるというので、彼らは入りたがりません。われわれはそれを知らないからどんどん入っていきます。それで夜、かゆくて、赤く腫れてきます。どういう処方があるかというと、女性が爪にぬる、マニキュアを塗ります。そうするとそこに膜ができて、息ができなくなって、ダニが死ぬのです。日本のような殺虫剤、殺菌剤はほとんど使わせませんでした。

アパラチアダニには苦労しましたが、幸いにも十分調査ができて、各大学のみなさんが夢中で、それぞれの地域の植物の名前、どこに自然の森が残っているか、どこが人間の影響でどうなっているか、教えてくださいました。とくに火災が多いマツ林など、燃えた後をどのように対応しているかなど、徹底的に教えてくださり、植生調査も、わからない種類も、全部研究室で調べて同定してくれて、大変すばらしいデータが集まりました。

そしてその成果は、若い助手を含めて百十一人の研究者と、みなさんの好意、協力によりまして、日米共同で、『北アメリカ東部文化帯と日本との植生の比較研究』(Vegetation in Eastern North America, Vegetation systems and dynamics and human activity in a eastern north America cultural religion in comparison with Japan) という著書を、五百ページの英文で、東大出版会から出すことができました。これは今、アメリカのどこの大学にも、スミソニアン研究センターにも、所蔵されています。

アメリカ・オハイオ州　1984 年 10 月

アメリカ・ニューハンプシャー州のワシントン山、1210m 地点

世界中で協力を得た

ミシシッピー川の下流の大きな町、ニューオーリンズの付近では、ミシシッピー川に三百万頭以上のワニがいるといいます。そのため、ミシシッピー川の中の中州には、人が入っていない、原生林に近い自然林があります。そこをなんとか調べたいと思い、ＥＰＡ（アメリカ環境庁）にお願いしたところ、日曜日でしたが、ＥＰＡの職員が調査船で送り迎えしてくれることになり、腰まで水につかりながら植生調査ができました。

非常にしっかり対応していただき、みなさんにお世話になったので、私は少ない研究費の中から役人の船長に、せめてこれでコーヒーでもと思い「どうもありがとうございます」と、五十ドル渡そうとしたら、にっこり笑って「サンキュー・ベリーマッチ。ノット・ネセサリー（どうもありがとうございます、しかし必要ありません）」という。「せっかくですから、気持ちだけ取ってください」と言うと、だんだんときびしい顔で、最後はむっとして、「私たちは公務員です。公務員がそのような賄賂的なお金をいただくことは、厳禁されています。あなたは私を監獄に入れるつもりか」と言われました。

「俺たちは公務員だけれど、甲板を水をかけて裸足で洗っている黒人のワーカーは公務員ではないから、もし好意があるなら、彼らにやってください」というので、そのみなさんに差し上げました。これがアメリカの常識的な姿かと感動しました。

また、日曜日に手伝ってもらったことも印象的でした。日本では、六時を過ぎたらすぐ各役所のみなさんも、ドライバーに「時間オーバーだからこれで帰ってもらいたい」といいます。私は「日曜日に船長以下、わざわざ職員全員が来てやっていただいて、大変遅くまでありがとうございます」といったら、「私たちは、仕事で生きています。日曜日は人間が仮に決めたことで、もし大事なことをやらなければならないなら、よろこんで協力します」と、にっこり笑って握手して別れました。それがアメリカの公務員なんだなあと思いました。

ドイツの警察の場合も、交通違反を犯した公務員からは三倍の罰金を取るけれど、私が「日本の恩師を連れてきている」といったら、にっこりと警察署長が出てきて、その車を運転していた国立植生図研究所のライラー事務局長を睨みながら、「今回はあなたのためではない、日本のお客様のために大目にみる。しかし、今度やったら公務員は三倍取るから」といわれたものです。公務員は一般の人より給料は高いかもしれないが、同じ自動車の違反・事故をしたら、逆に罰金は三倍というのが常識のようでした。アメリカでも同じように非常にきびしいようです。

逆に六〇年代の終わりころ、はじめてインドネシア領ボルネオの熱帯雨林の調査に行ったときは、インドネシア政府にリピーという役所があって、海外からの学術調査に入る時は、調査入山・入国料が公式に必要で、調査するときに必要な調査料を、文部省から事前に納めてあります。ところが、夜遅く、大きな荷物を持って、六人でジャカルタの飛行場に着いたとき、日本人とわかったら、「これから持ち物を検査する、全部見せろ」といいます。

そして一つ一つ「これはいくらか」と聞くので、「ベリー・チープ（安い）」と答え、最後に残った安いボールペンを「これはいくらか」と聞くので、「ベリー・エクスペンシブ（高い）」といったら、「じゃあ、これをくれ」と取って、そのまま通してくれました。

翌年のクリスマスパーティで日本大使館に招かれたときにその話をしたら、文部省から出向している参事官の方が、「これがインドネシアです。今度はそういうことができないようにきびしくやりますから」といってくれました。次の年は、参事官がわざわざ飛行場まで来てくださった。そうしたら、そのまますいすい出してくれました。

また、研究調査費を文部省がインドネシア政府に公費で払っているにもかかわらず、届出をしなければいけないから、地元の警察や市役所、調査機関にも行きますと、「まず金を出せ」という。「われわれは国の予算で来ている。そして文部省からちゃんと公式に入山料を出してある」といいますと、「それはそれとして、俺たちもほしい、そうしなければボルネオに入れない」という。だったら「公式の領収書を公式に書いて、判も押してほしい」というと、「ＯＫ、ノープロブレム」といって、判を押してサインしてくれた。これが開発途上国の当時の状態でした。

世界に〝いのちの森〟を

私たちは日本列島の調査が終わると同時に、このようなアメリカ東部の文化帯の調査もし、さらに現在では世界じゅうで、簡単な踏査も含めれば四大陸三十七か国の現地植生調査をし、それぞれの地域で、今、先見性、実行力をもった企業、公共団体、なによりも地域の市民のみなさんと「いのちの森づくり」を進めています。

いずれにしても、単に文献を読んだり、人の話を聞いたりするだけではなく、私は必ず現地に行きます。現場がすべてです。現地で、自分の身体を測定器にし、目で見、手でふれ、においを嗅ぎ、なめて、さわって、今では木を植えてはじめてわかると、みなさんに言っています。

植樹といっても、今あるものを植えるのではありません。もし人間活動の影響をストップしたとしたら、そこの自然環境の総和が支える、チュクセン教授から学んだ、土地本来の潜在自然植生の主木群を中心に、自然の森が長い時間をかけて自己再生している自然の森、自己再生の掟に沿って、根群の充満したポット苗を混植・密植して植えれば、必ず育ちます。本命の木は、やや大器晩成でなかなかむずかしい。しかし、むずかしいだけにやりがいがあります。

よく「緑化」といわれます。たしかに美化運動なども大事ですし、どの緑も大事でしょう。しかし、私はいのちを守り、地域を守り、そして管理がいらず、個体の交代はあっても、森のシステムとしては、次の氷河期が来ると予測されている九千年後までもつようないのちの森が、まずなくてはいけないと考えています。

『日本植生誌』を、日本列島の「いのちの森づくり」の総合的な科学的根拠とし、植生図を使用したノウハウを、さらにアメリカ、世界各地に広げたいと考えながら、八十六歳の現在も、もっぱら現場主義で活動しています。

「二十歳で死ぬ」といわれていた私も、幸いに今日まで元気で生きています。生物学的には、人間のポテンシャルは女性は百三十歳あるいはそれ以上、男性も百二十歳まで生きられます。ただ、生物は動かないとだめになります。よほど嫌なこと以外は、過労死なんてありえない。私は動いているということはいのちの証しであると思って、今も明日のために、志をともにするみなさんと、「いのちの森づくり」を日本から世界各地に広げています。

その基本は、その土地本来の潜在自然植生を基本にした、その主木群を中心に、それを支える、できるだけ多くの潜在自然植生の構成種によって森をつくることです。日本列島全体の潜在自然植生をマクロにとらえたのが『日本植生誌』なのです。

私が最初は忍術だと思っていた、非科学的と思った潜在自然植生の概念が、本物の「いのちの森づくり」の基本です。

われわれは、潜在自然植生からどのように、未来へ続く、いのちと国土、地球を守る森をつくったらよいのでしょうか。そのために、さらにごいっしょに考えていきたいと思います。

第4章

真の「科学」とは何か?

見えないものを見る力

世界中に蔓延する画一的「文明」

現代の私たちは、当然のごとく、すべてにたいしてまだ足りない、まだ不十分であるといっています。そして、意識する・しないにかかわらず、日本の北海道から沖縄まで、また地球規模で見ても、現代の私たちの都市生活は、かつての人類の歴史では夢にも見なかったほど恵まれた生活をしています。そしてそれが当然のように思っています。

確かに、そのような生活を支えているのは、最新のすばらしい科学・技術であって、とくに非生物的な材料を使っての自然の開発、都市づくり、産業立地づくり、交通施設づくりが進められてきました。さらに現在の日本では、日本の国土のどこにいても、あるいは世界のどこにいても、すばらしく発展した科学・技術の進展にともなって、すべての情報が瞬時に、かつては想像もできなかったほどの速さと詳しさによって届けられます。今や、地域、人種、年代や性別を超えて、地球人はみんなまったくすべて画一的な文明を享受しています。

もちろん地域によって差はありますが、たとえ開発途上国といわれるところであっても、私たちがたとえばアフリカのケニアのナイロビ、東南アジアのインドネシアのジャカルタや、その他すべての国において、ネパールも、カンボジアも、さらに太平洋の小さな島々のハワイもグアムも、本当にいわゆる都市ホテルに泊まると、外観はさまざまな技術的な意匠をこらしてあるが、すべてが基本的には同じ材料、鉄やセメントや石油化学製品を使い、同じような刹那的な生理的な願望を満たすような仕組み、あるいは施設が造られています。部屋の中に入ってしまうと、ロンドンかパリか、東京かニューヨークか、ジャカルタか、ナイロビか、ハワイか、わからないぐらいです。

かつて一九七〇年代に私が学んだドイツ国立植生図研究所長のラインホルト・チュクセン教授の第一の高弟ともいわれ、植物社会学、植物生態学をマスターし、スイスのチューリヒの当時唯一の王立工科大学の植生学研究所の所長を務め、その後、ドイツの歴史ある名門のゲッチンゲン大学の植生学の主任教授を最後まで務めたハインツ・エレンベルグ教授は、奥さんのシャルロッテとともに大の日本びいきです。第一回、第二回の日本における国際植生学会はもちろんのこと、その間にも何回も訪れるとともに、日本各地の植生調査を共に行うと同時に、東京はもちろん、多くの海外の旅行者が訪れる古都・京都、奈良などを現地調査し、そして古い日本の文化、歴史、伝統に大変感動していました。

何回めかの来日の際に、ハインツもシャルロッテも口々にこう言いました。「すばらしい日本の国も、ホテルの部屋に入ってしまうと、まったくロンドンにいるのか、パリにいるのか、ニューヨークにいるのか、わからない。ぜひ、日本人が普通に生活している場所、畳のある部屋に泊めてほしい」というのです。東京の帝国ホテルも、大阪のロイヤルホテルも、外国のホテルも部屋の中はまったく同じで、畳のある部屋は非常に少なく、しかもきわめて値段が高い。無理に日本旅館に二泊させた時に、日本の畳の生活はすばらしいと評価していたのです。

「水田公園」としての日本の自然環境

日本ではじめての国際植生学会は、恩師のラインホルト・チュクセン教授が会長役をしていた関係で「ぜひ、日本でも」といわれて、まだ十分日本の植生学、植物社会学が発展していなかった一九六六年に開催したものです。幸いにも文部省、学術会議、民間では読売新聞社にも協力していただいて、当時の世界の生態学者、植生学者、ウィーン工科大学の学長をしていた動物生態学者ヘルベルト・フランツ教授等も含めて二十人以上を招くことができました。

まず、三週間にわたって、当時はまだ沖縄は日本に帰属していなかったので、その頃の日本の最も南端であった鹿児島県の大隅半島から、北は北海道の大雪山、釧路湿原、阿寒湖など、各地を踏査しました。ほとんどの過程に、読売新聞社の事業局に協力していただきました。日光、伊勢神宮、明治神宮、そして最先端の工業団地や、東京湾沿い、大阪湾沿い等の産業立地、また発電所、製鉄所その他、各地の森や富士山、阿蘇山など、さまざまな地区を現地踏査して、大変な感動の言葉をいただくことができました。その詳しい踏査日記は、エレンベルグ教授の奥さんのシャルロッテがじつに詳しく記録して書いていています（Miyawaki, A. & R. Tüxen（eds.）Vegetation Science and Environmental Protection, 1977, Marzen, Tokyo 1977. p.394-439 参照）。

日光の東照宮で彼らは大変な感銘をうけ、また釧路湿原などのすばらしい日本の自然を見ていただき、文化と伝統、「鎮守の森」に囲まれた神社やお寺を参詣しました。またエレンベルグ教授は「本当の日本人の生活を知りたい。ぜひ、日本の農家を、全員が泊まれなくても、訪れたい」といわれたのです。栃木県にある日光の近くの、小さな普通の農家をご案内したときに彼らはたいへん感動して、炉端の囲炉裏や、畳、奥の間、中の間、また母屋に続いた長屋で、当時の農機具や、まわりの牛小屋、馬小屋、そして小さな屋敷林、生け垣などを見学しました。野菜を作ったりするような畑地は、アメリカやヨーロッパに比べて規模は小さいが、きめ細かく生け垣に囲まれた農家や、長屋のまわりの菜園や水田を興味深く見学していました。

また第二回の日本での国際植生学のシンポジウム、エクスカーションでは、ローマ大学のサンドロ・ピナッティ教授に「日本独自の田園景観を見たい。とくに日本海側でぜひ」と乞われて、当時の最新の技術で造られた黒部渓谷のトンネルを越し、富山の散居集落といわれる、段々の広大な田んぼの中に屋敷林に囲まれた集落が点在しているすばらしい風景を見ていただきました。ピナッティ教授は「これはまさに、世界に誇れるすばらしい水田公園である」といわれ

日本の農村集落の典型。環境保全林と耕作地のなかに住居が見事に調和している

四国山地の山村景観（愛媛県笹ヶ峰北麓、海抜 500m 付近）

1984 年の国際植生学会日本大会

ました。「これこそ、自然と人間が共生する公園である」と。

それから十年後の一九八四年八月二日から十九日まで、新橋のプレスセンターで行われた「植生学と新しい環境創造」では、朝日新聞社から「ぜひ」と乞われ、当時の渡邉誠毅社長や伊藤牧夫専務等のお力で、ふたたび第二回の日本における国際植生学会、国際エクスカーションを行って、現地踏査をしました。調査を行ったとき、彼らは「もう一度、日本の農村地帯を見たい」と言いました。太平洋側では千葉県などの東京湾沿い、神奈川県の相模湾沿いの農家を、また日本海側では富山市のやや内陸の農家を見せると、彼らは感動して、日本の第二次大戦後の驚異的発展の潜在エネルギーは、農村に蓄えられていたのだと言っていました（Miyawaki, A., B. Bogenvider, S. Okuda, J. White（eds.）1987: Vegetation Ecology and Creation of New Environments. Proceedings of the International Symposium in Tokyo and phytogeographical Excursion through Central Honshu. 473pp. Tokai University Press. Tokyo)。

ちょうどそのころは、コメが余るというので、当時の農林省がイネの作付制限を行っていました。水田は、何百年もかけてつくった、日本人の文化や生存の母胎にかかわらず、イネを植えないで放棄した水田が各地にあるのを見て、彼らはこう言いました。「水田はたんなる米の生産工場ではないはずでしょう。それは日本の心のふるさとであり、伝統文化でしょう。山の迫ったきびしい地形の、日本の自然環境下で、海岸沿いや川沿いの限られた空間だけでなく、当時の素朴な農具で、長い年月をかけて山間の谷間をならして畔をつくって、各地に残っている現在の棚田のように、つくってきたものですね。その水田を、わずか数年間コメが余ったということで放棄するなんて……」と、当時の国の政策を不思議がっていました。

私たちはもう一度、「本物の自然とは何であるか、文化とは何であるか」を考えなくてはなりません。伝統的な農業も、私たちのすばらしい人工環境――都市や産業立地を形成する最高の科学・技術も、大事であるし、今後も発展しなければいけないことは事実です。しかし一番大事なことは、そのような土地の持っている、生物的な生産能力、潜在自然植生に応じた使い方をするということではないか。そうすべきではないかと、彼らは直接的に表現していました。

キリストが生まれたころはせいぜい一億二千万人といわれた地球の総人口は、産業革命を経たころから、新しい科学・技術の発展にしたがって急速に倍々ゲームで増加し、今では七十億人を突破しています。さらに将来的にますます増加が予測されています。集積の効率によって、産業立地やニュータウンを立体的につくり、空間が狭ければ天まで届くような高層住宅が、世界中の各都市に立ち上がっています。もちろん、私たちには空間的・立体的な国土利用も必要ですし、より新しい科学・技術を駆使しての産業の発展を、さらに都市づくりも、交通施設もつくらなければいけない。

しかし、限られた日本の国土、地球においてこれから大事なことは、地下から空中まで生活空間を増やすだけではだめです。世界じゅうどこの土地でも、その土地がどれだけのエコロジカルな許容能力があるかを考えなくてはいけない。とくにいのちを支える生態系の主役である生きている緑、植物・植生、それが濃縮した森の保全・再生活動などについては、植える樹種の選択がもっと重要です。その土地にはどのような樹種が自然災害にも耐えて確実に生長する能力があるか、また生物的潜在生産能力を持っているかなどを判定します。すなわちローカルからグローバルに、人間も含めたすべての生物が持続的に発展できる潜在能力をもっているかを見きわめることが、きわめて大事です。

今の科学は細分化しすぎている

「科学」とは何でしょうか。また、自然科学の各分野の基礎科学的な成果をふまえた「技術」とは何でしょうか。科学の本質的な考え方、思想、哲学が、今、ないがしろにされているのではないでしょうか。あまりにも現在の目先のことにとらえられすぎ、また計量化のデータにとらわれすぎて、全体としての見方が忘れられているのではないでしょうか。

現代の科学・技術は、さまざまな分野において、産業革命以来の新しい科学的な考え方を土台にして、限られた範囲ごとではありますが、すばらしい技術的成果が出ています。科学的な研究とは、現在まだわかっていない未知の対象を、いかにさまざまな機械、器具、さらに思考能力を使って顕在化させるかということです。これはきわめて重要で、科学的な思想、思考の基本です。しかし、今はあまりにも計量化が進みすぎ、偏重しすぎています。現在の科学・技術の能力で確実に把握でき、測定・計量化ができることを、そのデータを総合的にコンピュータにインプットして、結論を出すことはできます。こういったことは、もちろん過去をふまえて、未来にたいしての科学的な研究には、今後ももっとも重要な分野の一つでしょう。

しかし、それがあまりにも細分化しすぎています。個別の科学的な研究、それを支える技術も発展していますが、その本来の目的が何であるか、どのようにそれを長期的な視野でまちがいなく利用するかという技術にたいして不十分なのです。現在の科学・技術はあまりにも目先のこと、個別にどこまでも細分化された分野での計量的な測定だけになっています。直接計量化されたデータだけから未来を予測する、さまざまな結論を出すということだけでは不十分ではないでしょうか。

〝死んだ材料〟での橋梁・道路・港湾などの設計、都市づくり、さまざまな電子器具、機械、器具などの製作は、金属などの非生物的材料〝死んだ材料〟を使っての技術は、画一的で構わないのです。しかし、それが科学のすべてではありません。

科学も、他の学問分野も、もともとすべて、八世紀のイタリアのパドヴァ大学の哲学学部から出ています。すべての基本は、そのような本質的な、哲学的な考え方が基本のはずです。それをふまえて、新しい技術的な手法によって測定したり、計量したり、個別のデータを総合したりすることは可能になりましたが、あまりにも細分化しすぎてしまっているのが現状です。現在の科学・技術は、計量化できた要素だけを組み合わせて、さまざまな予測や、新製品つくりを進めています。もちろんそれは必要なことですが、それだけでは、生《なま》のいのちやトータルとしての人間、生物の生存環境と、そのつながりなどをきわめることに対しては不十分です。

地震、噴火、津波、台風、洪水、竜巻などにたいしては、最近の東日本大震災、御嶽山の火山の爆発などにたいしても、なかなか確実な予測はむずかしい。しかも、それらの自然災害は、どこで、いつ起こってもおかしくない、明日起こるかもしれない。

今必要な、モノも金もエネルギーも食べ物も、どれも大事ですし、今の科学・技術でできることは進めていくべきですが、それがあまりにも一面的すぎたために、現代の最新の科学・技術は、非生物的な材料を使って発展はしましたが、逆に使い方によっては、原子爆弾はじめさまざまな新鋭の殺人兵器づくりのように、命取りになっている危険性があるのです。そして、あまりにもいのちにたいして無頓着すぎるのではないでしょうか。

「科学」と「技術」の違い——未知のものを既知にする努力

「科学」と「技術」が混同されています。本来、科学とは、未知のことを既知にすることであって、基本的には哲学から出てきたものです。現代科学は非常に発展しており、個々の研究成果はきわめて部分的となり、細分化されて現在の私たちの生活に役立っていますが、私も含めて生き物を対象にしている分野では、全体、トータルシステムとしてとらえることが、ついないがしろになっていないか、と危惧しています。「何のための科学であるか」という観念を常に失ってはなりません。

「科学」――英語でサイエンス（science）、ドイツ語でヴィッセンシャフト（Wissenshaft）の一番の基本は、何でしょうか。何の辞典を見ても、「科学」は女性名詞で、学問論、学問の前提や方法、目的などを考察する哲学の一領域と規定されています。例えば、英語のscienceは、科学あるいは科学的知識、学問としての科学、自然科学、社会科学、行動科学、地球科学、精密科学、犯罪科学、人文科学、生命科学、材料科学……というふうに細分化されています。

科学の本質は、未知を既知にすることです。日本では「科学」と「技術」が、「科学技術」とまとめていわれています。しかし、ドイツ語では、科学（Wissenschaft）と技術（Technik）は別の言葉で、区別して使われ、まとめて言われることはありません。

本当の科学とは、たんに現在見えるものだけではない。計量化できる要因と、その根拠を厳密に解明して、新しいさまざまな機械、器具を開発し、より深くきわめることです。わからないことをわかるようにする、未知を既知にすることです。単に、今、個別の、目先に見えることだけではないはずです。

残念ながら、現代の科学、技術をいくら発展させても、見えないものは数多くあります。例えば、遺伝子はやっといくらかは見えるようになりました。その遺伝子が何を司るか、きわめて細かく調べられ、研究は日進月歩で進んでいます。しかし、その結果をトータルに見て、どのようにしていのちが誕生し、現在まで続いてきたかについては、今もまだ完全にはわかりません。どれほど最新の科学、技術、国家予算の大半、世界のあらゆる金を投入しても、残念ながら人間の細胞、ＤＮＡ一つ作ることもできなければ、バクテリア一つ、そのへんの虫や草も何一つ人工的に作ることはできません。死んだものを生き返らせることも絶対にできないし、新しく作ることもできないのです。

したがって、大事なことは、本当の科学とは、現在のまだ不十分な科学・技術、医学で見えないものを、確実に見えるようにしようとすること。草一本、虫一匹についても、トータルシステムとしてのいのちを把握することは、まだまったく不可能なのです。

科学は、未知のものをいかに既知にするかということ、そして技術は、科学的な成果をふまえ、具体的にどのように応用するかです。たとえば今は、さまざまな人工物をつくることについては、非常に進歩しています。しかし、バイオテクノロジー（生物技術）が発達したというけれども、いのちにたいしては、まだきわめて不十分で、いのちをつくることも、個体を増やし続けることもできません。また、トータルとして時間と空間の両面からいのちを支え、守る〝トータルシステムとしての環境〟を総合的に把握して、つくりだすことも完璧にはできません。

総合的に見る努力——本当の科学とは何か

今、見えるもの、測れるものだけをいくら測っても、それだけでは真の科学の目的に達し得ません。今、地球上に生かされているいのちが、どのように誕生し、そのいのちがどのようにしてつながってきたか、そのいのちを守るためにどうしたらよいか。今わかっている要因だけでは、完全にはまだ不可能です。

本当の科学とは、今見えて計れるものを、より深く確実にすると共に、まだ現段階では見えないものをいかに見る努力をするか——それが真の科学なのです。〝死んだ材料〟を対象とするだけでは、いのちに対してはまったく不十分です。宇宙の奇蹟のごとく、現在のところ、数ある星の中でたった一つ生かされている地球上の生きもののいのちのドラマが、科学のもっとも重要な研究対象の一つなのです。もちろん人間もその中にふくまれます。まだ名前のついていないあらゆる微生物群、動物、植物も含めて、トータルとしてのいのちの連鎖の全体を見る努力、それが科学、とくに生物科学の対象ではないでしょうか。

それは、すぐにできることではありませんし、一人や二人でできることではありません。個別に分解し、個々の物質を計量化し、今測れるものだけをインプットして、その情報をコンピュータなどを使って分析することも大事ですが、まだ多くは仮説や予測の想定の枠内を出ていません。真の科学とは、見えないものを見る努力なのです。

そして、すべての問題を総合的に見る努力をすること。一瞬の時間と、点としての空間の両面の、部分的な解明だけでは不十分であって、それらをいかにインテグレート（総合）するかということです。たとえば生物社会であれば、ＤＮＡを、細胞を、組織を、器官を、ある個体を、生きものを、計量的にわかった要因だけを総合しています。それで人工のロボットなどが作られていますが、本物の生きものとはまったくちがいますね。このような相似たもの（アナロジー）だけでなく、本質的に同質的なもの（ホモロジー）にたいしての研究を深める努力も、これから必要ではないでしょうか。

目先のことだけ、見えるものを見るだけでは、真の科学の対象のすべてではありません。本当の科学とは、生命科学の分野においても、個々の分子、量子、いくらでも分析できるその個別の科学的な研究成果を〝総合〟して、過去の時間や空間の中で対応させ、地球上に生まれ、ゆっくりと進化や絶滅をくり返しながら、現在目の前で棲息している生きもののいのちを守り、維持する――これが真の科学の対象ではないでしょうか。今、このことが忘れ去られているのではないでしょうか。

新しい科学の時代とは、技術の時代とは何であるかを、一人一人が、そしてすべての人が考えなくてはなりません。その基本を、本質を理解し、それぞれの分野がこれまで細かく究めたデータを総合し、時間と空間の両面で総合的に見ることです。そして、より生のもの、実物を見て、調べてつくりあげるか、育てあげるかが、もっとも重要ではないでしょうか。

真理を追究するのが科学、その科学の知見にもとづいてモノをつくるのが技術です。われわれの現代の技術は、かつて人類が夢にも見なかったほど、想像もしなかったほど発展しています。ただ、それは〝死んだ材料〟を使ってのものです。生きものについても、物理的・化学的、生物的にも見えるものだけを対象にしています。〝死んだ材料〟を使ったノウハウ、技術的な手法をもって、また分析科学的な知見のみによって対応しようとしているところに、現代における科学、技術の限界があり、不十分な点があります。〝死んだ材料〟を対象にした技術だけではなくて、〝生きた材料〟をどう使いきるかを考えなくてはなりません。

そして何より、いのちの科学、トータルな環境の科学が、まだ十分ではありません。これをどのように進めるかが、これから限られた国土で日本人が、小さな惑星である地球上で人類が、どんな自然災害にも耐えて、より確実に、より健全に生きのびるかの何よりも基本的な課題です。

これからの新しい生物学

今や日本でも世界でも、数字で表現できるもの、数字で換算できるものの得意な人だけがすばらしいとされる傾向があるように思います。そういう人たちが、すぐに成果が出るような、主に〝死んだ材料〟を使う工学系、エンジニアリングの分野ですばらしい技術的成果をあげているようです。しかし私からみれば、これはまるでマジックの世界、架空の世界と同じようにみえます。こう言うと語弊があるかもしれませんが……。私にはそれほど数学的な、算数の能力はないけれども、未知のものを少しでも明らかにしたいし、生きているものを見て、相手にしていたいのです。ですから自分を科学者だと思っています。

しかし同じ生物学者でも、私が研究を続けてきた七十数年の間を見ても、なかなか解明できない生命現象と、生命をとりまく個々の条件をトータルとして見て、いのちの科学、環境科学、いのちを支え維持する環境問題という視点をもっている人は少ないようです。むしろ、測定して計量化して、一ミクロンも違わない対応ができ、製品ができ、評価できるような、〝死んだ材料〟を使った工学的な手法で、いのちとそれを支えるトータルな環境までも把握しようとしているように見えます。

もちろん、このような数理生物学、分子生物学、生化学的生物学も大事です。しかし、それだけをいかに深めても、それは部分的な個別な研究にすぎないのです。きわめて長い時間をかけて自然がつくりだした、〝生命を支えるトータルな環境〟というきわめて精緻な、人工的にはまだ真似ができないほど奥深い自然現象、生命現象、生きものそのものにたいしては、そのような個別な研究と同時に、トータルな対応を考えなければいけないのです。それが、これからの新しい生物学の、重要な分野である、と私は期待しているのです。

「文明」と「文化」の違い――「文明」は規格品づくり

私たちは、「文明」と「文化」をよく区別しないで使っているのではないでしょうか。しかし、文明（Die Zivilisation）と文化（Die Kultur）は、根本的に異なります。

「文明」とは、メソポタミア文明、エジプト文明、ギリシャ文明、現代のアメリカ文明、日本各地の文明など、基本的には多様性の画一化としてとらえられます。すなわち、文明の産物というのは、人の顔ほどに異なるそれぞれの人間の考え方や生き方、自然現象のすべてを、いかに画一化し、規格化しようとするかという方向性です。「文明」は、「技術」と同じように、基本的には規格品つくりであると言えます。人間がつくった「文明」は、場所、対象によって本来異なるものを、ある同じ方向にそって把握するものです。都市文明はその典型的なもので、それぞれの土地の自然環境に応じてあった農業、牧畜、林業などを、都市という画一的な人工的環境の中で、人工技術の力と手法で、画一化された規格品づくりではないでしょうか。

したがって、「文明」は世界じゅうで共通です。中国黄河文明、エジプト文明、新しいアメリカ文明というふうに言われるのは、あくまでも場所による名称にすぎません。基本的には、「文明」は「技術」の産物です。コンピュータも電子顕微鏡も、レントゲンやＭＲＩの各測定機械も、また「新しいエネルギー」の象徴とされ、今、悪魔の産物のようにも言われている原子力の核エネルギーの利用なども、実にどこでやっても同じです。新幹線の駅が、形はちがってもどの駅も同じつくりであるようなものです。都市づくりもそうです。河川の改修も、鉄道線路工事もそうです。

すなわち「文明」とは、多様な自然のシステム、環境、緑——それぞれの地域に応じて長い間営んできた生活などのちがいを、いかに画一化するか、規格化するかです。

ところが、「文化」はそうではありません。「文化」は多様性を重視し、多様なものを多様なままに捉えようとするものです。

生きた世界は、それぞれみんな違う

生きた植物の世界を見ても、自然は人の顔と同じように、みんな違っています。たとえば、シイ、タブ、カシ林と一概に言っても、詳しく調べれば、その森を構成している個々の植物種や個体のありようはそれぞれ異なります。同じ山でも、尾根の形、斜面の形だけではありません、南に向いているか、北に向いているか、ほんのわずかな違いで、生育している植物が変わってきます。これが自然なのです。自然がみんな違うように、「文化」というのはその土地固有のものです。考えてみてください、私と、あなたとまったく同じ顔をした人は、何十億人いるこの地球上に一人もいませんし、過去にも将来にも出てきません。指紋やＤＮＡが新しい科学・技術の発展によって犯罪捜査に使われるほど違うし、自然も、自然の一員としての人の顔も、みんな違うのです。自分の体でも手の長さ、足の長さ、目の形、大きさ……厳密にはみんな違う。これが自然の姿なのです。

最近になって「多様性」という言葉がもてはやされていますが、その「多様性」の画一化、貧化、劣化が、〝死んだ材料〟を使っての技術の結果であり、そして技術がつくった都市や産業立地、交通施設などです。発達と衰退を繰り返してきた世界文明なのです。

ですから、「文明」は「技術」と同じように規格品づくりですが、「文化」はその地域固有のものです。はるか太古の昔はそれぞれの土地の木や石を使っていたのが、現代では新しい技術によってどこでも同じ鉄やセメントを使うようになり、文明化し、画一的になっています。しかし、今まで人類がこの限られた地球上で、長いいのちの歴史の中でのさまざまな自然災害、種族内での争いを繰り返しながらも今まで生き延びてきたのは、その地方、その民族固有の人間活動があり、試行錯誤をくり返しながらもそれぞれの地域固有の成果を築いてきたからなのです。それが「文化」の基本的な姿なのです。

私たちは新しい技術によって、最高の画一的な都市や産業立地、人工環境、エネルギーをつくってきました。世界中でコカコーラを飲み、マクドナルドやフライドチキンを食べています。このようにまったく同じもの、規格品をつくってきたのが「文明」であり、〝死んだ材料〟を使っての技術の結果でした。これらは現在の豊かな生活を支えるために役立ってはいますし、今後も必要です。しかし、このような物質文明、技術とは何か、長い時間をかけて築いてきたそれぞれの地方固有の文化とは何かを、もう一度見直すべきではないでしょうか。

規格品づくり、人の真似は必要最小限にして、自分の顔は自分しかもっていないように、自分しか持っていない能力を発揮し、生き方を考え、人生観をもつべきではないでしょうか。さまざまな課題にむきあう時も、自分でその対応の仕方を考えるべきではないでしょうか。そしてこのことは、いのちを守る木を植える場合にもあてはまるのです。

生物の保守性から飛び出して

生物は、保守的です。それは、いのちを守るという大事なことでもありますが、とくに、新しい科学・技術が発展して、現在のように世界的に画一化した機械文明が発展していくときには、私たちは新しいことに対して保守的になる傾向があります。一般に生物本来の一つの特性かもしれませんが、新しい課題や、新しい概念、新しい思いつきにたいしては、保守的なものです。

しかも現代では、計量主義的な科学・技術が、頂点に達するほど発展しています。したがって、現代の科学・技術で計量的に実証できないもの、いわゆる前例がないものにたいしては、日本の行政のトップにある霞が関の若い官僚のみなさんも含めて、きわめて保守的である。もちろん、今までやってきたことを守ることは非常に大事なことであり、これまでの経験の積み重ねで、現代の私たちのいのちも生活も保証されているわけです。

しかし、同時に、自然は常に動いています。地域的にも、広域的にも、同じ所はまったくありませんし、かすかであっても、動いているわけです。

従来の概念、あるいは常識から外れることにたいしては、一般に異端者として扱われる場合が多い。もちろん、新しいものの中には、たしかに多くの、いずれ間違いであることが立証されるであろう仮説や、中には妄想もあるかもしれません。しかし、私たちは、そのような仮説や妄想を具体化することによって、縄文や弥生時代の森の中の生活から、現在、豊かな物質生活、あるいは人工環境の中で、刹那的な欲望を満足させ、安住していられるのです。

植物群落を見る場合でも、あるいは個々の木を見る場合でも、このことはまず認識課題です。つまり、今までやられてきたこと、見たこと、あるいは考えたことにたいしては、たいていの人がその枠の中では納得します。しかし、新しい概念、新しい見方、新しい発想にたいしては、非常にブレーキがかかるのが普通です。

しかし、そこにとどまっていてはいけません。見えるものだけの科学なら、みんながやっていることです。「見えないもの」をも科学の眼で見ようとするのが、本当の科学だと私は思います。「見えないもの」も含めてすべてを見ようとすることが、大事です。

ゲーテの言葉「アルス・ガンツハイト（すべてを、全体として見る）」

木を植えることは大事ですが、管理費のいらない、火事・地震・津波・台風に生き残る本物の森をつくるためには、樹種の選択をまちがえないことです。すなわち、土地本来の潜在自然植生を把握することです。生態学者であっても、まだよく理解していただけない人も多いのです。「見えないものは見えないじゃないか」と。

今、大事なことは、見えるもの、測れるもの、お金で換算できるものだけにこだわらないでいただきたいということです。いのちも、心も、トータルな人間の生存環境も、数字やグラフで表わしきれませんし、お金で買うこともできません。「見えるもの」と同時に、「見えないもの」を見る努力をすべきです。

あの『若きウェルテルの悩み』や『ファウスト』を書いた有名な文豪ゲーテは、同時にすばらしい生物学者でもありました。ゲーテの生家を訪れると、今でもゲーテが実験に使うワインや、ライムギ、野菜などを自分でつくっていた、いろんな植物を植えている小さな庭、農園があります。文豪ゲーテは、一方ではすばらしい自然科学者であり、植物学の論文も出しています。彼のもっとも有名な言葉は、「als Ganzheit」（全体として）です。見えないものを見る力、すべてを全体として見る力をもって対応しなければいけない、ということなのです。

いみじくもゲーテが言ったように、これからは「Als Ganzheit」——すべてを全体として見ることが必要です。もちろん、見えるものは大事だし、さらにその測定、計量化、システム化は大事ですが、それだけでは不十分です。〝死んだ材料〟での橋や建物づくり、都市づくりにはそれでいいかもしれないが、いのちを守る環境をつくる場合はそれだけではだめです。これは、先例がないからやらないのではない、先例がないからこそ、やるべきではないでしょうか。

「潜在自然植生」――私が五十年前にドイツで最初に教わったときに思ったように、これは科学ではない、忍術だと思う方もいらっしゃるかもしれません。しかし、本物とは長持ちするものであり、理屈だけではなくて、現場、現場、現場です。ご自身で現場に行って、自分の身体を測る器械にして、自然がやっている実験結果を、目で見、手でふれ、においをかげば、必ず自然はかすかな予知し得る情報を発しています。

これは、森づくりだけではないと思います。本物を見る努力をすること、そして本物と偽物、毒と毒でないものを見分ける動物的な勘、生物的本能を甦らせ、本気で見れば、必ず見えます。どうかいのちが失われる前に、環境が破綻する前に、自然が出しているかすかな予兆を見のがさないでいただきたい。現場が発している微かな予兆から、見えないものを見、新しい科学的な知見と総合して、新しい文化、健全な生活、未来を創造する努力を足元から進めていただき、まちがいのない未来をつくりたいと思います。

これは七十数年間、もっぱら現場で、国内・海外の千七百か所以上で、足で歩き、目で見、手でふれ、においを嗅ぎ、なめて、さわって調べて、いのちを守る森を、先見性をもった企業、行政、各団体、なによりも市民のみなさんと共に四千万本以上植えて、すべて成功している私の、実感であり自信です。

とくに東日本大震災の被災地では、照葉樹林・常緑広葉樹林帯の北限に近いものですから、当然、最初の冬はきびしいし、三歩前進・一歩後退します。植えて突然、台風が来たり、海の砂をかぶったりすると、たしかに葉が枯れたり落ちたり、一部枯れるのも出てくるかもしれない。しかし、それは当然予測の圏内であって、最初の冬を越し、二年、三年たって、根が十分土中に入ったら、あとは確実に、一年に一メートル育ちます。その成果をふまえて、私はいのちを守る森づくりを、意欲のあるみなさんと共に進めていきたいと願っています。

見えないものを見る力――「新しいゲーテの時代」

ゲーテの時代――十八世紀が終わり、十九世紀になって、今まではただ五感で、自然も人間関係も、あるいは植物との対応を見ていたのが、寒暖計ができ、温度を計ることができるようになりました。また、リトマス試験紙でpHを、酸性かアルカリ性か、などを中心にして測定することができるようになりました。
それから、イギリスの産業革命が起きたころから、〝死んだ材料〟ではこのように具体的に測定できるデータで対応すべきである、ということになりました。しかし、自然もいのちもトータルな環境も、まだそれだけでは測れません。したがって、すべてを、見えないものを含めて、全体として見るべきである。これがゲーテのすべての著作の、あるいは働きの根本的な哲学であり、科学的な知見であった、とシュミットヒューゼン教授は、私にいつも強く教えてくれていました。

そして彼は、にやにやしながら、今はドイツ生まれの現場主義の「エコロギー」も、イギリス、アメリカなどの英語圏内に入って「エコロジー」になるにしたがって、計量科学としてすばらしい発展を遂げている、と言ったものです。もちろん、すべてを、植物が吸収する酸素の量や、吐き出す炭酸ガスの量や、光合成で生産するものも、こういう個別の研究は進んでいるし、今後も進むが、それだけでは無理である、と。まだ不十分な科学・技術、医学で見落とされているすべてを、als Ganzheit、トータルシステムとして対応していかなければ、この限られた地球で、人類は生き延びていけないのではないか。

今でこそ、そういうことを言う人もいないではありませんが、シュミットヒューゼン教授がそれを言ったのは、今から四十年前、二十世紀の後半です。そして一九六〇年代、七〇年代、シュミットヒューゼン教授は「二十一世紀は『新しいゲーテの時代（Neue Göethe Zeit）』、新しい総合の時代である。一平面だけ見たのでは、一時的にはうまくいっても、地球上では自然の生物社会の一員として生態系の消費者、森の寄生虫の立場でしか生きていけない、われわれ人類が生き延びるためには、きわめて危険である」とくり返していたのが、今でも鮮明に記憶に残っています。

すでに二十一世紀になって、まもなく四半期を過ぎようとしていますが、まだ世界は科学も技術もすべて計量万能主義です。それはどれだけいのちに、環境に、あるいは自然にたいする対応に重要ではあっても――あえて申し上げます――「今の不十分な科学・技術、医学で測定、計量化できないものは非科学的である」という考えが、学界を含めてあらゆる分野で、すべて前提になっているのが、問題なのです。

私たちは今こそ、とくに若いみなさん、このコンピュータ時代に育っている人に言いたい。見えるものも大事だけれど、コンピュータに出てくるデータの「背後にあるもの」を、トータルに、「見えないもの」を見る力を、能力を養い、積極的に使いきっていただきたい。

終章　「森」とは何か？

生物社会の掟

人間は森の寄生虫

私たちは人工環境の中でつい忘れていますけれども、私たち人間は今この地球上で、土地本来の、本物の、ふるさとの木によるふるさとの森の消費者、正しくいえば寄生虫——というとあなたは怒るかもしれませんが——の立場でしか持続的には生きていけないのです。われわれは、生きている緑、芝生の三十倍の緑の表面積がある立体的な自然の森の、寄生虫なのです。

今日あなたが召しあがったもの——パンでも牛乳でもチーズでもバターでも肉でもすべて、私の着ている衣服がポリエステル、化繊であっても、もとは石炭、石油ですから、すべて植物なのです。私たちが吐いている炭酸ガスを吸収するのも、吸っている酸素をだしているのも、すべて、もとは、生きている植物です。

その植物のことを、私たちはもう一度、きちんと考える必要があります。現代は、あまりにも〝死んだ材料〟ですべてができすぎています。エネルギーも「足りない、足りない」と言いながら、五百万年の人類の歴史、いや六十数年前の戦前・戦中・戦後の頃にくらべても、あり余った状態で生活しているから、自分が生きものの一員である、正しくは森の寄生者の立場でしか生きていけないのだという正しい事実を、この当然の事実を、つい忘れているのではありませんか。

私たちは、寄生虫としての、そして消費者としての立場から、生産者としての〝生きている緑〟のことを正しく考えなくてはなりません。植物は、たんに私たちのために食べ物や酸素の供給や炭酸ガスを吸収したりしてくれるだけではありません。そういう植物の、個別のかかわりと私たちのいのち、生活を考えることだけではなくて、人間、植物も含めたトータルな生物集団（社会）と、それを支えている多様な環境そのものを考えなくてはなりません。

環境を守ることは、いのちを守ることです。刹那的には、人工的には、あらゆる対応ができるように見える。冷房も暖房も水洗便所もできるのですが、しかし、そんな個別のことよりも、全体としての環境がどうなのか。私たちは今、科学・技術を発展させ、富をきずいても、この地球の上では生きものの一員としてしか生きていけません。

この当たり前の冷厳な事実を、今こそ私たちは再認識しつつ、一方においてはすばらしい文明——〝死んだ材料〟を使った科学・技術、情報産業を発展させなければいけない。エネルギー的にも無理のないように、新しいエネルギーを開発しなければいけない。しかし、それだけでは不十分です。

生きものとしての宿命、あるいは冷厳な事実とは、この地球上に生きているかぎり、生きている緑が濃縮した、森の寄生虫の立場でしか生きていけないということです。教科書的にいえば、環境の問題には、大気の調整や水源涵養林などの個別の問題があります。しかしそのように計量化される要因だけでない、トータルとしてきわめて多彩で多様であるのが、すべての生きものの生存環境です。

私たち人類、ホモ・サピエンスは、強そうに見えて、実は環境の変化にきわめて敏感で、弱い立場にありますから、森の寄生者の立場で生き延びるために、何が必要なのか。今まで生き残ってきた寄生虫は、宿主が絶滅するまで血を吸うものではありません。なぜなら、宿主がいなくなったら自分は絶滅しなければいけないからです。

私が子供のときには、一年に一回、海草を湯がいたような飲みにくい虫下しを小学校で飲ませられると、多い子はお椀に一杯ぐらい回虫が出ていたものです。それが当然のような状態でした。しかし今、一匹だっておなかにいる人もほとんどいないでしょう。しかし、そういった人工的な空間での純粋培養的な生活、生活環境が、果たして正しいのかどうか。

たしかに、あらゆる生物は、感性的な欲望がすべて満足できる状態は、瞬間的には快適ですばらしいと思うでしょうが、自然界というのは、多少嫌なやつともがまんしながらともに生きていくものです。お互いに競り合いながら、競争しながら、そして少しがまんして、ともに生きていくのが基本なのです。この四十億年続いてきたいのちの社会の掟を、もう一度正しく理解しましょう。

私たちは森の寄生虫である——精神的にも文化的にも肉体的にも、すべてそうであるということを、あらためて見直すべきでしょう。

おそらくすべての願望、欲望が満たされた人工空間・生活を、願望としては、すべての生きもの、人間も意識して、あるいは無意識のうちにももっていると思いますが、エコロジカル（生態学的）な最適・最高条件というのは、移動能力のない植物社会（群落）でもきわめて危険な状態です。

いろいろな実験が、ドイツのホーヘンハイム農業大学（現総合大学）でハインリッヒ・ワルター、またハインツ・エレンベルグ教授などによって行われていましたが、ほんのわずかな外的条件、また内的条件の変化によって植物集団は破綻する。「エコロジカルな最適条件」というのは、すべての欲望が満たされない、少しきびしい条件下であると、ヨーロッパの牧草群落の生育実験などでも証明しています。たぶん人間社会でも個人も、社会も国家も、基本的に同じだと思っています。

それぞれの土地の本来の木を植える

日本では、今、私たちの生活している周りには、マツ、ヒノキ、スギばかりが多くなっています。人間が火を使い、定住生活をするようになって、必然的に土地本来の森を伐ったり焼いたりして田んぼや畑をつくり、住宅を造るためにまだ足りなくなったために、すでに八百年前にもスギなどを植えていたという記録が、高野山に残っています。

しかし針葉樹のスギ、マツ、ヒノキ、カラマツなどは、植物の進化からみると本来は過去の植物で、尾根筋や急斜面で土壌が浅く、貧栄養で乾きすぎたりした立地や、水ぎわなどの多湿立地に局部的に自生していたものを、今画一的に植えているのです。農業でも林業でも、刹那的な効率主義を求めれば、同じものを植えたほうが当然管理もしやすいし、商品価値の高い規格品ができます。スーパーで買うハクサイ、ダイコン、ニンジンも、本来自然のものであれば、曲がったり、大きいのや小さいのがあるはずですし、時にはムシの食った葉もあるでしょう。それを全部、まったく一匹もムシがいない、全部同じ大きさでまっすぐの状態を目指して、規格品づくりをしているのです。

植物の系統分類学的な話を少しします。シダ植物の繁茂した白亜紀の後、裸子植物門に属するイチョウ、ソテツ、スギ、ヒノキ、カラマツ、アカマツ、クロマツなどの針葉樹類が繁栄し、ゆっくり植物の世界も進化して、現代では被子植物の時代、樹木では葉の広い広葉樹の時代です。日本は常緑、または落葉広葉樹の時代です。したがって、自然状態では豊かな立地では広葉樹におされてしまい、針葉樹類などはきびしい立地に局地的に自生していました。

ところがこれらの針葉樹は早く育ち、昔の素朴な工具で製材して利用しやすかったので、広葉樹林域にまで積極的にスギ、ヒノキ、マツなどの針葉樹を全国的に造林してきました。つまり、木材生産でも、刹那的な経済効率で、規格品づくりをやったのです。このようなモノカルチャーの植林は、集積と規格化を求める商業的ニーズに対しては大事ですが、その結果がどうなっているか。農産物生産には殺虫剤、殺菌剤、除草剤などの農薬が手ばなせず、森林の場合は自然災害を引き起こしていのちを失う結果になっているところもあり、管理しなければすぐに藪になってしまいます。

大事なことは、いのちと国土を守る森づくり、人類の地球上での生存環境を維持することです。どんな自然災害にも耐えて現実に生き残っている、それぞれの土地本来の潜在自然植生の主木群の幼木を植えることが基本です。われわれはどんなに威張っても、この地球上で、生きている緑の表面積が、永遠に管理費のいる芝生の三十倍以上ある森の、寄生虫の立場でしか生きていけないという冷厳な事実を先に申し上げました。

いのちを守る森さえあれば、目的と土地に応じた利用も可能

われわれが生きるためには、どうしても家具や建築、工芸品などに木材が必要です。したがっ

て、管理ができる範囲で、必要な範囲で、自然災害に比較的強い立地であれば、今後もスギ、ヒノキ、マツなどを植える場所もあってよいでしょう。このような人工林では、下草刈り、枝打ち、間伐をしなければなりません。

地球の緑の自然の荒廃のもとは農業である、とさえいわれるぐらい、とくに西アジアが起源とされるコムギなどの畑作作物や、南アメリカから運ばれ、今ではほぼ全世界で作られているジャガイモ、カボチャ、このような食品はもちろん必要です。その場合には、やはり規格品が使いやすいし、残念ながら売れやすい。したがってある程度は農業でもモノカルチャーで、肥料も使わなくてはいけませんし、草も取らなければいけない。

しかし、これらが、あまりにも目先の刹那的な人間の欲望だけのためであってはなりません。その土地、その場所の生産、消費、分解・還元の、ローカルからグローバルにつながる、人間を消費者、寄生者とした生態系の枠を超えるほどの人間活動がはじめられるときには、必ず自然の揺り戻しによって、かけがえのないいのちや生活の基盤を失ってしまいます。

われわれには規格品づくりも必要です。しかし、多様な自然環境も、重要なのです。算数、国語、理科、社会や英語などの外国語の能力だけが、多彩な人間社会においては重要なのではないのと同じことです。いろいろな人の能力が必要なのです。学校の問題だけではなくて、その人が本気であれば、その人のもっているポテンシャルで、「匠《たくみ》」といわれるような力を発揮できます。ドイツでは今でもそうですが、大工さんでも、左官屋さんでも、ソーセージ屋さんでも、みんな大学の専門を出た人以上に立派な家や、食べ物をつくっています。大事なことは、その〝潜在能力〟の多くを、個人も社会も国家も、今の日本では十分使いきってないところに、さまざまな不幸な問題が起きていると思います。

目的に応じて、どの木も大事です。木材生産の場合は、土地の能力に応じてスギ、ヒノキ、マツなどの針葉樹も植え、そして十分な管理を繰り返しして、経済的にも立派な製品をつくればよい。農業の場合もそうです。規格品づくりをすれば、大量生産のアメリカやオーストラリアに乳製品も肉製品も劣るかもしれない。しかし、世界のどこにもできない、日本にしかできない、その土地の、その人の、その社会の、その業界のもつ潜在能力をまちがいなく発揮すれば、これはそのような潜在能力をもっていない所にはないはずですから、必ず成功するのではないですか。そうすれば、どんな競争社会でも、画一化社会、文明社会、技術万能社会でも、まちがいなく生き延び、発展できるはずです。規格品づくりだけにこだわらないでいただきたいと願っています。

木を植えることも、目的に応じて、さまざまな対応の仕方があるのです。木材生産、セメント砂漠化したところでの都市緑化、化粧的な美化運動、また各家庭などでの趣味の庭木や、ベランダでの盆栽なども必要です。日本の庭づくり、盆栽は、国際的にも大変評価されています。

東京・浜離宮のうっそうとしたタブノキ林

江戸時代から、日本には各大名や天皇家の領地として、天領の森が主なところにあって、そこには土地本来の、比較的自然に近い森が残されていました。そして町屋や、長屋に住んでいる一般の人たちは、周りを天領の森、防災・環境保全の森に囲まれていたのです。自分たちにも、小さくていいから緑がほしい。だから、天領からシイ、カシ、マツ、アオキ、ツツジなどの小さな苗をもらってきて、自分たちの庭に植えたのです。しかし、それがあまり大きくなると、悪代官に睨まれたから、いかに大きくしないで長持ちさせるか苦心したのが、日本庭園であり、盆栽です。

『作庭記』にもあるように、これが世界に誇る日本の木の文化、緑の文化としての庭園であり、箱庭であり、盆栽であり、そして家の中には生け花をしました。これもすばらしいことです。ぜひ今後も続けていただきたい。

しかし、そのためには、周りに、いのちを守る防災・環境保全機能を果たしながら、それぞれの地域の景観の主役になり、万一の場合はいのちを守る防災林の機能を果たす、本物のふるさとの森がなければいけません。その森が、あまりにも現在、少なくなっています。

森は、二酸化炭素を閉じこめる

木を植えることは、目的に応じてどれも大事ですが、今大事なことは、いのちを守り、そしてその地域の景観の象徴になり、観光資源にもなる森です。

ドイツの林業のように八十年、百二十年伐期に、大きくなったら丁寧に抜き伐りすれば、どんな広葉樹でも高く売れます。反面、土地に合わない、いわゆる客員樹種を植えたら、管理しなければ維持できません。化粧と同じで、手入れが必要なのです。伐ったらまた植えなければ荒地になります。しかし、土地本来の、潜在自然植生の森は、強固な会社や役所組織のように健全な後継樹が待っていますから、大きくなったら、死ぬ前に丁寧に抜き伐りして、焼かない、捨てないで、家具や建築・建設材などに使えば、地域経済とも十分対応できます。地域的にはいのちを守り、かつ地域の経済を保証するというわけです。
林内で待っている後継樹は、亜高木層からすぐ生長して、高木層を形成します。そして豊かな、それぞれの地方固有の緑の景観を形成します。その土地本来の防災・環境保全林を形成し、自ら維持し続けます。

さらに地球規模（グローバル）に見れば、その森のすべての木も草も含めた全植生の乾燥重量の約五〇％は炭素（カーボン、C）ですから、森の中に炭素を固定し、地球温暖化を抑制します。具体的には、土地本来の主木は——たとえば冬が低温で落葉するミズナラ、カシワ、ブナなどの落葉（または夏緑）広葉樹林域の北海道や山地を除いて、日本列島の大部分を占めている常緑広葉樹（照葉樹林の主木群）のシイ、タブノキ、カシ類の林であれば、植えるときの種子はせいぜい二から三グラム、そして根群の充満したポット苗で混植・密植するとき、そのポット苗の乾燥重量はせいぜい二百〜三百グラム、その幼木が一抱えほどに大きくなって、胸高直径五〇センチ以上になれば、乾燥重量二トンのタブノキ、シイ、カシ類であれば、そのおよそ五〇％の一トンは炭素です。つまり、その森がある限り、今大騒ぎをしている温暖化の元凶のカーボンをその森の中に閉じ込めて固定しています。

さらにその他の動植物が共生しているので、生物多様性を維持します。同じ木ばかりは植えません。自然の森は、好きな木だけを集めません。その土地の、本来の潜在自然植生の主木群を中心にしながら、それを支える、できるだけ多くの樹種を、自然の森の掟にしたがって、混植・密植します。まぜる、まぜる、好きな木だけを集めない。

生物社会は、競争しながら、共に少しがまんしながら共生しているものです。これが、四十億年続いてきた、地球上の生物社会の原則です。たとえば、神奈川県の三浦ダイコンも、百%の発芽率があっても、賢命な農家はけっして種を一粒ずつ蒔きません。巣蒔きという状態で、五、六粒ずつ、またはすじ蒔きします。大阪市立大学の吉良竜夫教授らがコマツナで実験した報告がありますが、生物社会は初めは密度効果で、多くの苗が競り合い効果で大きくなります。ある程度大きくなると、今度は自然淘汰が働きます。

農耕地ではいわゆる雑草が出てきますから、除草もしなくてはいけないし、間引きもします。市場は規格品を好むので、密植していると大きいものや小さいもの、いろんなものが出てきますから、同じようなものにするために、間引きをします。森の場合は、本来その土地に自生していなかったスギ、ヒノキ、マツなどの人工植林では、下草刈り、間伐をして、枝打ちします。周りの草原生のススキやネザサなどが林内に侵入してきますから、植林してから二十年、時には三十年間以上も手入れ、管理をして、同じような規格品をつくります。規格化は、現代の文明と技術が必要としているものです。

生物間の社会的な掟

土地本来の森づくりでは、小さなポット苗を〝自然の森の掟〟において、混植、密植します。幼苗の植樹の後、二、三年は草取りが必要ですが、あとは自然の管理にゆだねます。すなわち間伐などの管理はしないで、小さいときは密度効果、大きくなったら自然淘汰によって、土地本来の多層群落の、管理不要で、災害に強い防災・環境保全林が形成されます。

本来の森の構成種である照葉樹林帯であれば、シイ、タブノキ、カシ、シラカシ、アラカシ林の場合でも、自然の森は決してそれらの同じ木だけではありません。林内の亜高木層にはヤブツバキ、シロダモ、モチノキなど、低木層にはアオキ、ヤツデ、ヒサカキなどが出てきます。また森のまわりにはツル植物の林縁群落、森を守るマント群落のクズ、ノブドウ、サルトリイバラ、低木のウツギ類など。そのまわりには、目立たないソデ群落と呼ばれるカナムグラなどがあります。

ブラジルアマゾンではビロラなどを主木とし、またボルネオでは、大木になるフタバガキ科のショレア、ポペヤ、デブトロカルプス類の大木の下には、多いときには一メートル平方に三十本、五十本の芽が出ています。それは無理でも、一メートル平方に三本ぐらい植えます。しかも同じものを植えない、できるだけ多くの種類を「まぜる、まぜる、まぜる」。生物社会は、競争しながら、少しがまんして共に生きる――これが健全な姿です。

ドイツのシュトゥットガルトに、今は総合大学になっていますが、ホーヘンハイム農業大学があります。そこに、大著『地球の植生（Vegetation der Erde）』を書いた、有名なハインリッヒ・ワルター教授と、そして私のもっとも親しかった、当時ワルターの研究助手を務めていた、チュクセン教授の高弟ハインツ・エレンベルグ教授がいますが、彼らが調べた実験結果があります。たとえば、日本では浅間山の溶岩流の荒地に、先駆植物（パイオニア）として最初に自生するコメススキ（Deschampsis flexusosa）という草本植物があります。このコメススキは、ドイツのゲッティンゲン大学に近いファルツの山では、岩場の、雨が降ってもすぐ流れてしまう、乾燥した、他の植物が生育できないところに自生しています。

エレンベルグ教授は若い時、ポーランド科学アカデミーの有名な植物社会学者パボロスキーに招かれ、ポーランドの湿原に案内されて、水際に生えているコメススキを見ました。「これが水際植物の主要植物で、湿地に生育している植物です」と。ところがエレンベルグは、乾燥して、雨が降ってもすぐ流れてしまうファルツの岩場に生育しているのが、コメススキの好きな自生地だと思っていたので、混乱してしまいました。

そこで、当時のボーヘンハイム農業大学主任教授ワルターとホーヘンハイム農業大学で実験を行いました。土中の水分が非常に多いところで、斜面のマウンドを築きます。高いところは乾燥していますが、そこにヨーロッパの牧野に必ず生育している四種類の植物を、一方では単植実験し、他方では四種類を混ぜての混植実験をやりました。競争相手のない状態で植えた単植の場合は、どの種類も、湿りすぎず、乾きすぎないところで最大の生長を示しました。ところが、自然の牧野にあるような状態で四種類混ぜて植えたところ、一番湿ったところでは、日本の水田雑草として春に出てくるスズメノテッポウ類のアロペキルスが最大の生長量を示し、マウンドの高い、乾燥しているところでは消えてしまっていたのです。

また、スズメノチャヒキという地中海地方のジュラ紀の石灰岩上などの乾燥地で繁茂している、雨が降ってもすぐ流れてしまうような乾燥牧野での主要植物は、逆に乾いているところで最大の生長量を示し、実験地のマウンドの低い、土中水分が多い多湿地に行くにつれて、消えてなくなりました。混植しても密植しても、乾きすぎず湿りすぎずのところで最大の生長量を示したのは、カモガヤだけでした。カモガヤは日本で広く、外国の牧草として北海道や本州の中部山岳の人工牧野などに植えています。ただ、日本では本来のものではないので、五、六年たったらまた植え替えるような状態です。

ところが、ヨーロッパでは、おそらく数千年間の家畜の放牧によって、本来、林縁や草原に生えていた植物が、一年に二回、草刈りを定期的に行ったり、牛や羊をくりかえし放牧していたところでは、刈られたり、家畜に地上部をくり返し食べられても、絶えず芽が出て再生します。そういう条件に耐えて生き延びた種類が、その四種類なのです。

現実には、カモガヤだけは、立地が乾きすぎたり、湿りすぎていると、そこには、カモガヤより競争力は弱いが、きびしい条件下で生きのびるものが繁茂しています。少し条件が悪いとすぐ消えるけれども、条件がいいところでは一番よく生育・繁茂します。スズメノテッポウとスズメノチャヒキの類は、乾きすぎと湿りすぎのところによく生育していました。

そこでエレンベルグらは、このように結論しました。——植物は好きなところに生えているのではない。環境条件だけで、人間も含めた生きものの生育地、生活地を規定するのはおかしい。環境などの外部条件だけではない、生物間の社会的な掟がある。それは競争、がまんである。それがチュクセン教授のいう「生物社会の社会的な掟」なのです。

自然は競争—がまん—共生

同じことを、私も調査しています。尾瀬ヶ原の湿原には、文部省（当時）の天然記念物課の了承を得て、当時は入れてもらえました。腰まで水につかるようなところは、陸上植物にとって最もきびしい、しかも酸性で土壌条件もきびしいために、高木も亜高木も育たず、ミズゴケ

カラマツの植林

の類だけです。一番きびしいところ、高層湿原の凸状部（ブルト）では、イボミズゴケ、ムラサキミズゴケ、チャミズゴケの三種類で、だんだん水分条件がよくなると低木が出てきます。

尾瀬ヶ原でも日光の戦場ヶ原でも、一番最初に高木になっているのは、湿原の周りのシラカンバとカラマツです。また上高地の梓川でも、しばしば洪水で水につかる河原で高木で残っているのは、ケショウヤナギとカラマツです。富士スバルラインの終点の駐車場付近、海抜約千六百メートル付近は、道路建設によって道路沿いに木々が枯死し、周りの森が破壊されているので、調査をしました。その時に、カラマツは千六百メートルぐらいから出てきますが、だんだん上になると樹高が低くなり、二千メートル近くになると、「お庭」といわれる庭園状に、低木のカラマツが自生しています。天唐《てんから》（天然生のカラマツの意）ともいわれます。

当時は、私も「植物はみんな好きなところで生育している」と思っていたのに、一方では尾瀬ヶ原湿原などの湿っているところに最初に出てくる高木林を構成するカラマツ、上高地の梓川流域の、洪水で流されてしまうような水辺にも、ケショウヤナギと共にカラマツです。また一番乾いて雨が降ってもすぐ流れてしまう、富士山などの山地で、溶岩が露出しているところに最初に出てくるのもカラマツです。カラマツは一体どっちが好きなんだろう？と思っていましたが、このエレンベルグの論文を読んで、なるほど、生物はみな好きなところに生育しているのではないのだと納得しました。生物社会の成立には、もちろん環境的な枠組みがあります。しかし、環境がよければみな育つのではなくて、自然界には、人間社会にも、競争相手もいます。競争しながらがまんして共生している。逆にいえば、がまんのできないのは、消えてなくなるのです。

生物社会では、最適条件と最高条件は違う

さらに、エレンベルグらの論文から私なりに理解したのは、〝生物社会では、最高条件と最適条件はちがう〟ということです。

「踏まれても忍べ道の草」と言われる路上のオオバコ。実は、たえず適度に踏まれているから生きのびている。

すべての敵に打ち勝ち、すべての欲望が満足できる最高条件というのは、マンモスや恐竜の絶滅の例を見るまでもなく、また人類最古の文明であるメソポタミアやエジプト、ギリシャ、当時世界最強であったローマ帝国を見るまでもなく、千年ももたず、数百年で滅んでいます。なぜか。生物社会では、最高条件の次にあるのは、破滅です。

反面、これは私の最初のドイツ語の論文の一つですが、路上のオオバコ群落の例があります。「踏まれても忍べ道の草」――実は、踏まれるからこそ、生き延びているのです。踏まれなくなったとたんに、オオバコより競争力が強い、路傍の、背の高いヒメジョオンやオオアレチノギク、ヒメムカシヨモギ類などに負けてしまう。あれほど踏まれ、葉がちぎれ、花もいたんでいるところでこそ、彼らは持続的に生きています。日本列島各地はもとより、パリのブーローニュの森の道、ニューヨークのセントラルパークの森の中の散策路でも、オオバコ類は適度に踏まれているところで生育しています。人が踏まなくなって三年たったら、まったく消えてしまう。

生物社会では、すべての生理的な欲望が満足できる最高条件は、危険な状態です。みなさんも、すべて万事がうまくいっているときは、よほど用心していただきたい。

「エコロジカルな最適・最高条件」とは、すべての生理的な欲望が満足できる少し前、少しがまんを強要される状態です。それが何があっても生き残れる、生態学的な最適条件であり、何があっても生き延びられる最高条件なのです。三十数億年続いてきた、いのちの社会の掟です。大企業のトップ研修でこの話をすると、「人間社会に似ている」と言われますが、この似ているのは、アナロジー（相似）ではなく、ホモロジー（相同）です。

森づくりのために地球をかけまわる人生

岡山県の山間の農家に生まれた私の少年時代は、「末は博士か、大臣か」といわれていた時代でした。私は身体が弱かったので、先のことはあまり考えたことはなかったのですが、親の勧め、周りの条件で、現在まで生き延びてきています。

ただ、私は決して引き算はしなかった。今は意識的ですが、子どもの時は本能的に、こう思っていました――何があっても、生きているではないか。生きていることほど、幸福はありません。ですから、本当に困ったことはないんですよ。だって生きているではないですか。

なぜ、今の若者、子どもたちから壮年者、熟年者まで、モノと金とエネルギーがあり余っていながら――宇宙の奇蹟として四十億年前に生まれた原始のいのちが続いて、今生きている、今あるかけがえのないあなたが――、日本国内だけでも、毎年三万人近く自殺をされるか。家庭内、学校内、会社、社会でいじめや殺し合いがあるか。

私は、子どもの時は森づくりなんて一度も考えたことはありません。むしろ、周りが雑木林や竹林やマツ林に囲まれていたから、じゃまな森のないところ、毎日飛行機が見えるところで、すばらしい家で楽をして恰好よく住みたいと思っていました。でも気がついたら、いつのまにか、現在では周りの人が不思議がるぐらい、いつも二十四時間、三百六十五日、じっとしておらず、森づくりにかけまわっています。来年、再来年まで日程がつまり、森づくりのためにみなさんとともに、国内・海外をかけまわっているのです。その間には夜遅くまで、土曜も日曜も、この国際生態学センターの小さな部屋で、現地調査をしたデータをまとめたりしています。よくぞここまでやってきたと、自分でも驚くほどです。

「いつから木を植える気になったか」「どうして森づくりを始めたか」「どんな天の啓示があったか」などと、マスコミの方などによく聞かれますが、何もありません。気がついたら木を植えていたのです。「子どもの時から好きだった」といえばよろこばれるのでしょうけれど、今でもとくに好きとは思いません。気がついたら木を植えている。木を植えないと、あるいはその成果を測定しないと、あるいはその成果を論文に書かないと落ち着かない、まさに息をしている、空気を吸っているのと同じようなつもりですので、疲れません。生き物は、好きだからそこに生育しているのではないんです。

ただ、何があっても前向きに進んできました。みなさん、未来に確たる目的ををもてば、一番理想的です。そうでなくても、自分にしかできないものは何であるかを考えてみてください。そして「これならできる」というものは、何があっても絶対途中でやめないで、続けていただきたい。あなたの顔は、あなたしかもっていない。必ずあなたしかもっていない能力があるはずです。それを引き出し、伸ばして、自分のため、人間社会のために役立たせるために努力しようではありませんか。

本物とは長持ちするもの、下手な管理がいらないもの

私は、両陛下からぜひ森や被災地での森づくりについて話を聞きたいとのご意向を承り、二〇一二年の七月五日に皇居で、七十分間、両陛下にご説明させていただきました（本書所収の序章）。

「危機はチャンスです。生物のいのちが無数の星の中で唯一（今わかっているところでは）、地球という小さな惑星の上に、科学的偶然、必然によって生まれて四〇億年、人類が出現して五〇〇万年の歴史の結果として、生きている私たちは何があっても、この限られた日本の国土に暮らしている一億二千万の人間の遺伝子を未来に残す一里塚として、絶対と言ってよいほど必ず再び日本列島のどこかを襲う自然災害に耐えて生き延びるための、国土を守り、日本人の、地球上の人類の未来を守るためにいのちの森を、みなさんと共につくらせていただきます。私たちは、国家プロジェクト、国民運動として、各地でできるところから、世界にほこる四千年の歴史を持つ鎮守の森と、まだ不十分ですが、いのちと環境の総合科学、植物生態学、植生学、植物社会学を基本にしたいのちを守り、国土を守る森づくりに取り組みたいと思います。次の氷河期が来ると予測される九千年ないし一万年後、個体の交代があっても、いのちは生き続け

るはずです」とお話ししましたら、両陛下はお二人で顔を見合わせて、深くうなずいてくださいました（宮脇昭「日本人と鎮守の森――東日本大震災後の防潮堤林について」『生態環境研究』第一八巻第一号、一七九―一八九頁、二〇一一。Miyawaki, A. 2014, The Japanese and Chinju-no-mori. Tsunami-protecting forest after the Great East Japan Earthquake 2011. Phytoceonolgia Vol.44. No.3-4 pp.235-244. Stüttgart, Germany.）。

目的に応じてどの木も必要なのですが、いのちを守る森づくりには、なんでも木を植えればよいのではなくて、極端な表現が許されるならば、偽物ならやめた方がよい。むしろ自然災害には、その災害を助長することすらありえる。だから何千年も何万年も、どんな災害にも耐えて生きのびてきた土地本来の潜在自然植生にもとづく本物の森をつくっていただきたい。

本物とは長持ちするもの、下手な管理がいらないもの、そして何よりも、ケバケバしないけれども、つきあえばつきあうほど魅力的、離れられなくなる――そんなものです。

それが、植物の世界でも、たぶん人間の社会でも本物といえるのではないでしょうか。あるいは〝匠〟といえるのかもしれません。

「危機はチャンス」

私は農家の四男坊で、周りの農家が雑草に苦労しているから、毒をかけずに雑草をおさえられたら、きっと農家の人は助かるだろうと、雑草生態学をやりました。恩師に「雑草なんかやったら絶対に陽の目を見ないし、誰にも相手にされないかもしれない。しかし、君が決心したなら生涯続けたまえ」といわれて、八十七年の生涯の七十年以上を続けています。

調査を始めたころは三百六十五日のうちの二百六十日、一度も宿屋に泊まらず夜汽車で、鹿児島から、当時の水田の北限の北海道の音威子府、釧路や根室まで、水田のあるところはすべて、畑作のあるところは現地植生調査を続けました。

そしてみなさんの好意でドイツに二年間行き、恩師のチュクセン教授から、「雑草も大事だけれど、潜在能力、潜在自然植生をどう見極めるのか」と言われ、忍術ではないかと疑いながら徹底的にしごかれました。

帰国間際に、子どもの時見た御前《おんざき》さんの神楽の後の「鎮守の森」の、黒々とした太い幹を思いだし、やっと潜在自然植生が何であるかを理解しました。そのような眼でまわりを調べると、それまではみんな自然の緑だと思っていたが、そうではなかった。

なんとか日本の本来の緑を回復したいと思いましたが、誰にも相手にされなかった。しかし、「危機はチャンス」とがんばり、六〇年代から十年間、横浜国大教育学部の私の椅子一つの研究室には、不思議と、当時は新制大学で学位授与権もない、大学院もなかったのに、地方の各大学を出た二十人近い若者たちが集まってくれました。ともに足で、日本列島各地を調べてまわりました。

そして見る眼をもってくださった文部省の当時のみなさんのお力がありました。また公害、自然破壊が進んだ日本で、各企業から多くの方が訪れてくれました。最初は新日鉄の、出来たばかりの本社の環境管理室長の式村健さんによって、その後は、現在国際的に知られている日本のトップ企業の三菱商事、三井不動産、イオン、本田技研、トヨタ自動車、豊田合成、三五、横浜ゴム、さらには上田市にある日置電機などの企業をはじめ、先見性をもった企業、市町村、各団体のみなさんです。すべてをあげることができないのは申しわけないのですが、みなさんのお力で、今では国内のほかに、中国、タイ、インドネシア、マレーシア、インド、トルコ、ヴェトナム、カンボジア、アフリカのケニア、オーストラリアのタスマニア島、北アメリカ、南アメリカのブラジルアマゾン、チリをはじめ、各国、各地方で木を植え続けています。

私は、木を植えるみなさんとともに、前向きに生きたい。本当は日本の一億二千万人の、世界の七十億人のみなさんの全員が、あなたのために、あなたの愛する人のために、ともにいのちと国土、地球を守る木を植えていただきたい。しかし、全部のみなさんに理解していただくには時間がかかります。私はできるところから。議論だけでは不十分です。

一本では木ですが、二本では林、三本では森、五本では森林ではありませんか。どうかあなたのために、あなたの足元から、五本植えて、森林をつくってください。そのノウハウと成果を世界に発信しようではありませんか。

空は無限にあるんだから、木が大きくなっても、絶対に頭は伐らない。横枝は人間のためですから伐っても、頭は伐らないでいただきたい。そして伐った枝は焼かない、捨てないで、できるだけその木の下においていただくと、ゆっくりと分解して、肥やしになって、また木が育ちます。

そして樹種の選択、植樹のすべてを、業者に丸投げしない、部下に丸投げしない。私は必ず自分でやります。どこでも、できるところから、いのちと生活を守る木を植える。

このようにして、私の限られた人生を生きている限り森づくりを、できるところから、やっていただける方と共に、日本からアジア、世界に、いのちの森づくり活動を広げていきたいと願っています。

森は、いのち

ドイツ語では、森を Der Wald、そして林を Der Forest と、森と林を分けています。アメリカでは、日本の鎮守の森のように小さな森は、ジョージア大学のエルジン・ボックス教授がいったように、森 Forest ではなく、小樹林 groves と言います。小樹林と森に分けています。日本では林業関係の方は、植えたもの以外は自然の森といわれているようです。

エコロジカルには、人間の影響をまったく加えていない原生林（virgin forest）は、イルクーツクの奥のシベリアのタイガから、カナダの奥地の北方針葉樹林、北極を中心に同心円状にヨーロッパ大陸北端のスカンジナビア半島まで続いている北方針葉樹林帯です。

ユーロシベリア大陸――ヨーロッパも中国大陸もアメリカ大陸ももともとつながっていたために、ブナでもミズナラでも、種名はちがいますが、属は同じです。ブナはたとえばドイツなどヨーロッパのブナは Fagus sylvatica、日本のブナは Fagus crenata、北アメリカのブナは Fagus grandfolia で、もとはみな同じです。ナラ類も同じです。日本ではミズナラ、カシワ、コナラ、クヌギなどですが、ヨーロッパ大陸には四種類、アメリカには十九種類ですが、もとはみな属は同じ英語のオーク、学名で Quercus です。

植物界の系統分類学体系は、門、綱、目、科、属、種にわかれています。カール・フォン・リンネが決め、種が基本的な単位です。長い時間を経て、もとは同じでも、種の単位では分化しているわけです。日本でもいろんなナラ類がありますが、もとは同じで、旧大陸のものです。ところが、太古から孤立していた海洋島のオーストラリアやニュージーランドを含めた大洋州などは、遠い昔の最初の起源は同じでしょうが、はるか昔に分かれたらしく、固有の種がみられます。動物ではご存知の有袋類、カンガルーやコアラの類、植物では、今では世界じゅうに植えていますけれども、ユーカリの類が五百種類近くあります。タスマニア島だけでも、われわれの調査結果によれば十九種類あります。

森にはいろんな定義がありますが、私にとって森とは、そして多くの日本人のみなさんもそうでしょうが、土地本来の森ではないでしょうか。里山の雑木林などの二次林は、何となく林といいますね。木材生産などの目的で植えた木は、一般に植林、造林と言われています。土地本来の自然環境の総和が支える環境条件、気象条件において、乾季や、きびしい低温のない日本では、高木、亜高木、低木、草本層、またコケ層などの立体的な多層群落は、森、森林と呼ばれています。

日本では、鎮守の森といわれる、本物のふるさとの木によるふるさとの森、潜在自然植生にもとづく森をつくってきました。このすばらしい伝統的な、日本人の森との共生の姿が、残念ながら戦後、急速な自然の開発、都市化の拡大などによって、失われています。文明、科学・技術の急速な発展によって、ハードな施設は最高のものができましたが、日本文化の母胎と言われる土地本来の潜在自然植生が顕在化している森は、あまりにも失われています。

私たちは、現在と未来を生き延びるために、この限られた日本の国土で一億二千万の日本人が、限られた地球で七十億余の人類が、まちがいなく未来に向かって、どんな自然災害も克服して、心も体もより健全に、豊かに生き延びるために、いのちを守る土地本来の森づくりに、共に大地に手を接し、汗を流してつくっていきましょう。

やる気になれば、今すぐ、誰でも、どこでもできるのは、森づくりです。日本から世界に、あなたの植えた森づくりのプロセスと成果を広げてゆきたいと期待しています。

みなさん、ともにがんばりましょう。あなたのために、あなたの愛する人のために、家族のために、日本人のために、そして人類の未来のために、いのちの森、土地固有の文化の母胎の森を、今すぐ進めていきましょう。

私もみなさんに誓います。いのちある限り、みなさんとともに、いのちを守る森を、未来に続く、次の氷河期が来ると予測される九千年後まで続く森づくりを進めていきたいと願っています。

森は、いのちです。

特別資料

日本と東部北アメリカの比較植生調査

本稿について

『日本植生誌』全十巻が完結するころから私は、すでに百年前に日本とフロラ（植物相）、植生自然環境が似ているとされていた北アメリカ東部の現地植生調査をおこなった。百年前に日本の植物標本を調べて、日本と北米の植物の類似を指摘したのは、アーサー・グレイの論文である。彼以降、調査は行なわれていないので、ぜひ北アメリカ東部の文化帯をと思っていたが、幸いにも文部省の海外調査費が三年間ついたのである。その現地植生調査成果を『Vegetation in Eastern North America（東部北アメリカの植生）』にまとめた。

調査のテーマは、Vegetation System dynamics and human activity in the eastern North America cultural region in comparison with Japan である。すなわち、調査をおこなった日本列島南北三千キロを、北アメリカ東部文化帯の植生システムとその動態の調査結果と比較するという意味である。西欧の人たちはアメリカ大陸に入植して数百年来、さまざまな開発を進めてきたが、その開発の結果を、古い歴史をもつ日本列島との比較の意味で現地植生調査をおこなったのである。

じつに幸いにも、一九七七年のチリでの国際植生学会のエクスカーション（現地調査）の時に、ジョージア大学のエルジン・ボックス教授と私は知り合うことができた。彼はウィスコンシン大学を出た後、ドイツの有名なマックス・プランク研究所に四年いて、ドイツ語も堪能である。その三週間のバスによる南アメリカ大陸横断エクスカーション——広大な大西洋岸から南アメリカの脊梁山脈までの踏査の時、いつもバスの隣に居合わせ、いろいろ話し合ったのである。もともと数学を専攻し、植物学でドクターをとったボックス教授は、地球規模での気候の大変動と植生との関係を数字的に調べ、非常にマクロな、しかも典型的なアメリカ・エコロジーの方法による計量的な研究をしていた。

ところが、バスの中で三週間、私と話しているあいだに、彼はだんだんと日本の「鎮守の森」、また日本列島との比較の問題その他に興味をもってきたようだ。その後、私は日本でのローカルな国際シンポジウムなどに彼を招いたし、彼の方も二年間は当時の東京大学生産技術研究所の客員研究員をした。語学が堪能で、日本語も多少覚えたし、ドイツ語はもちろん、中国語、ロシア語、スペイン語、イタリア語、ラテン語、フランス語と、何か国語も話せる、有能で物静かな男だった。彼が日本に来ているあいだに、アーサー・グレイがすでに黒船時代に日本から持ち帰った箱根などの植物標本の比較などから、日本列島と北アメリカ東部の植物相が似ているという論文を書いたという話をした。一八五九年のことである。しかし、日本列島との比較におけるアメリカ東部文化帯の植生、その動態について、その後研究は行われていない。

特にヨーロッパ人が入ってから急速に開発されたアメリカも、中国もヨーロッパ各国も日本も、数千年来の自然開発の継続による森伐採、焼き畑などの人間活動の結果で土地本来の森が失われ、現存植生の多くは代償植生である。北アメリカ大陸を含め、南アメリカも、オーストラリアもそうであるが、白人が入植してわずか数百年で、あっという間にほとんどの土地本来の植生が失われた。特に森の破壊はひどい。アメリカ東部では現在のボストン、ニューヨーク、ワシントン、フィラデルフィア、ユーラシア大陸ではモスクワ、ベルリン、北米カナダのケベック、トロントなどの都市、アメリカでは幌馬車に乗って西部へと進撃して太平洋岸まで、本来の森はほとんど破壊されつくし、新しい集落・都市の形成、産業立地の開発をしているのだ。

したがって、数百年で現在の文化帯、いわゆる文明が発展したアメリカ諸地域と、長い歴史をもった日本列島との比較研究をしたい、と私は言った。彼もその調査に興味をもち、「やりたい」と言った。しかし、アメリカは日本の国土の二十三倍以上で、広いし、もちろん生態学者の数もおそらく日本の数十倍いるだろうけれども、それでもできない。大変だろうと話し合った。しかし、ぜひやりたい。幸い、文部省の海外調査費が三年間分通ったのをもとでにして、アメリカの各大学で植物生態学者たちに協力をお願いしたとき、はじめはみんなびっくりした。「われわれが一生かかってもできないのに、わずか三年（実際には三年半）でできるのか？」と疑っていた。

そのうちに私の熱意に押され、トータルで百十六人で——日本の私の研究室の研究生や、分類学の岩槻邦男教授、今、国連大学の教授をしている武内和彦さんらの協力によって——、三年半かけて徹底的に、北はカナダのケベックの北のナスコルビー半島から、南はジョージア州の最先端のキーウェストという島まで現地植生調査を行なった。それはちょうど南北三千キロだったが、日本列島における北海道の稚内から沖縄の波照間島までと、緯度的にも距離的にもほぼ同じだったので、日本との比較をしたいと考えた。みなさんが協力してくれ、徹底的に現地植生調査をしてまとめた。

幸いにも『日本植生誌』(全十巻)と同様に研究成果緊急公開促進費も文部省からいただくことができ、多くの研究者の協力執筆もいただきながら、東大出版会から英文で五一五ページにまとめ、多くのカラー写真、群落組成表、引用文献も含めてまとめることができた。ここでそのすべてを紹介することはできないが、重要な部分、および私の巻頭論文の抄録を紹介したい。

なお、この著書はアメリカのスミソニアン研究所、ワシントン大学図書館をはじめアメリカのほとんどの各大学、研究機関や主な図書館に入っていて、わずか五百部があっという間になくなってしまうほど、国際的にも評価を受けている。現在でも、アメリカ東部の植生を論じるときに引用されているものである。

はじめに

植生の研究は、ある地域に限定されている場合が一般的である。しかし今や、世界はグローバルに比較研究が可能になり、だんだんと世界は小さくなってきた。われわれは、いわゆるグローバル時代に対応して、野外植生科学のフィールドどうしを比較調査・研究しようとして、活発な人間活動のもとにある北アメリカ東部のいわゆる文化帯と、日本列島の比較をめざして、一九八八年、八九年、九〇年と三か年間、文部省の国際研究プログラム（ナンバー63041056）で、一九八九年から九〇年まで、その後補強調査を含めてあと丸一年、まず現地植生調査を行ってきた。

研究目的は、数千年来の人間活動のもとに築かれてきた日本列島の現存植生と北アメリカ東部の比較である。北アメリカ東部は、本格的な開発がされてから二百年ないし三百年である。しかし、現代の世界の文明、経済、政治、また情報の波の最先端にあると言ってもよい。このような北アメリカ東部の文化帯がどのように発展し、それが植生にどのような影響を与えたかは、おおいに関心がもたれることだと考えた。北アメリカ東部においては、歴史的にはネイティブ・アメリカンが比較的自然と共生して生活をしてきたのだが、二百年ないし三百年の間に欧米人が入植し、現在では世界の文明、経済、政治、情報の中心になっている。

北アメリカ東部とは地理学的には、カナダのケベックのすぐ北のガスペ半島――緯度的には日本列島でいえば最北端の都市である北海道の稚内《わっかない》――、そしてニューオーリンズ、マイアミときて、フロリダ半島の南端に位置している、一番南の町はキーウェストの町――緯度的には沖縄の波照間《はてるま》島とほぼ同じところ――である。東西方向ではアパラチア山脈の西側の都市や自然公園から大西洋岸までであり、その地域における植生の現地調査を必死でおこなった。

したがって、日本との比較の面については、『日本植生誌』全十巻において、一九八〇年から八九年までに私たちがまとめた日本列島の植生と自然環境、人間活動とのかかわりあいなどの研究成果を活用し、日本列島との比較を進めてきた。理想的には全アメリカと比較したいのだが、しかしそれはあまりにも無謀である。アメリカ大陸は面積的にも日本列島の三十倍近くある。しかし、緯度だけでなしに、環境も植生も、日本列島とアメリカ東部とは、比較的同じような立地条件にある。アメリカ東部はアメリカの文化、政治、経済の中心部であり、日本列島もともに、どちらも文明の発展した地域であり、そのような意味での比較も可能である。このような理由で、われわれはブラウン・ブロンケの方法で確立されている、植物社会学的な現地植生調査の結果をまとめての比較研究を行ってきた。

幸いにも、アメリカの各州立の多くの大学や環境庁（ＥＰＡ）、各地の自然保護団体、またカナダ、アメリカのローカルの多くの植生学者、植物生態学者、そして分類学者も好意的に協力してくれ、やっと地球規模でのオリジナルな現地植生調査、すなわち各地の主な植生、植物群落の現地植生調査を行い、その膨大な緑のドキュメント、植生調査資料をまとめることができた。私たちはそれぞれの地域の自然公園などで残存自然植生、とくに森林群落、さらに人間活動の影響下における代償植生、荒れ地の植物群落、それから農耕地、都市や集落など人間の活動下の、いわゆる都市における生態系（アーバン・エコシステム Urban-ecosystem）下にあるさまざまな人間活動の影響、それによって本来の森や草原などの自然植生がどのように破壊されているかを、限られた部分ではあるが、幸いにもそれぞれの地域の主な自然植生と代償植生とを調べることができた。このような植生調査結果をもとに、限られた時間内で、完璧ではないが各地の主な植生の現地調査を、さらに分類学者、地質学者らの協力も得ながら、植物社会学的な研究として、日本列島と文献によるヨーロッパ・シベリア大陸の主な植生と、北アメリカ東部南北三千キロメートルとの比較研究を行うことができた。

その結果、物質文明の享受を受けているわれわれは、人類生存の基盤としての植生、とくに緑の濃縮している森林は単に酸素を供給し炭酸ガスを吸収するという生態系の生産者であるということだけでなしに、さらにあらゆる人間活動の基盤としてどのような役割を果たしているかということを知ることができた。そして、それぞれの森がどのような状態になっていくかを比較研究し、各地域の典型的な森林、さらに湿原植生なども、限られた時間で可能な限り総合的な調査・研究を進めてきた。

序と要約

すでに一八五九年、アーサー・グレイは、日本列島と北アメリカ東部のフロラ（植物相）が似ているということを指摘している。事実、単にフロラだけでなく、またその自然環境、植生、さらに植生の動態、特に最近の急速な都市化による動きも、両者は似ている。私たちは野外植生調査を基本に、『日本の植生（Vegetation of Japan）』（全十巻、宮脇他、一九八〇～一九八九）をまとめた結果、日本と北アメリカ東部との比較に、新しい関心と興味をもっていたが、より現実的な深い関心をもっていた。

両地域の比較の結果としての、自然植生の研究、およびそれがさまざまな人間活動による破壊、消滅、または置き換えられているかの実態を、地球規模で比較したいと考えている。さらに破壊された場所では、土地本来の森を主とした人類のいのち、生活、文化を守る緑環境を、植生生態学的なシナリオに沿って、積極的に再生させていきたい。

すでに一九七〇年の夏にほぼ一か月間、国際植生学会の国際エクスカーションにおいて、北アメリカ東部のシカゴ周辺からカナダ東部について、植生生態学的な現地調査を行なっていた。その間の野外研究によって、われわれは日本列島と北アメリカ東部の植生、人間活動、その結果の自然植生と代償植生との相似性と相違点について、さらに類似植生の分布、その破壊度、もちろん土地の面積――土地利用はアメリカ東部の広範囲と日本列島は違うけれども――などを調査した。

具体的にもっとも力点をおいたのは、国際的に行われているブラウン・ブロンケの植生調査法（一九二八、一九五一、一九六〇年）にもとづいて、日本の植生を、現地植生調査によって地球規模で比較できる植生単位で調査することと、その体系化である。そしてヨーロッパ大陸と日本、またこの分野ではまだ未開地であった北アメリカ東部との比較研究に大変関心をもったのである。

幸いにも、北アメリカ東部の、人間活動の影響下のいわゆる文化景観と、土地本来の植生――森とのかかわりあい、その動態と、土地本来の森の再生システム、そして日本列島のそれについてのわれわれの比較研究は、文部省の海外調査研究費のサポートを得て行うことができた。

一九八八年から九〇年まで、アパラチア山脈から大西洋岸まで、そして北はカナダ北東部のガスペ半島、さらにノバスコティアから南にケベック、モントリオール、ワシントン山（千八

図1　東部北アメリカの現地調査ルート

百八十六メートル)、ボストン、ニューヨーク、フイラデルフィア、ワシントン、ノーフォーク、アトランタ、サバンナ、さらにニューオーリンズからマイアミ、アメリカ合衆国最南端のキーウエストまで(**図1**)を踏査し、現地調査することができた。この南北三千キロメートルの縦断、南から北へとアトランタ・カナダからアメリカ東南部まで、それぞれの地域の多くの大学や、ローカルな集団のリーダーの協力を得て、徹底的な現地調査を毎年行うことができた。その結果、千二百点の植生調査資料を、各植物群落について得ることができた。

主として残存している自然林の植生、プラス、森が成立しないようなきびしい乾燥状態下の草原、逆に最終氷河の影響で多湿化している北方針葉樹林の一部の、残存している湿原や、海岸の砂丘、塩沼地植生など、アメリカ東南部のさまざまな植生単位について、植生調査資料を得ることができた。それは必ずしも完全ではないかもしれないが、日本列島の植生単位と比較して、その成果をふまえて、森を主とした自然環境の保全・再生、回復、またエコロジカルな利用について考察した。

日本との比較

北アメリカ東部と日本列島の植生調査資料を比較したところ、植物の分類単位の「属(genus)」

のところはほぼ同じである。これは北半球については、たとえばブナでも、ヨーロッパブナ（Fagus sylvatica）、日本のブナ（Fagus crenata）、アメリカ東南部のブナ（Fagus grandfolia）と、種名（species name）はもちろん長い進化の過程で変わっていくが、フロラ的には、属は同じなのである。しかも、きびしい立地条件、北方針葉樹林、海岸の塩沼地、あるいは高層湿原の植物などについては、属だけでなく種まで同じものがある。

高山植物についても、同じ種のものがあるという、非常に興味深いことがわかっている。たとえばアメリカの東部、カナダの東部も含めて、日本の高山や北海道の山地と同じように、北方針葉樹林――日本では亜高山針葉樹林ともいっているが――その主な樹種の属は、モミ属、トウヒ属、マツ属、ツガ属、そして落葉広葉樹ではシラカンバ、あるいはハンノキ――日本ではミヤマハンノキなど――と、すべて非常によく似ている。その下の夏緑広葉樹林（落葉広葉樹林）については、北アメリカでは種類が豊かで、ナラ類だけでも、現在、日本にはもはや化石としてしか存在しないものを含めて、十九種類ぐらいある。

またこのような落葉広葉樹林域は、ブナ属、ナラ属、日本には化石しかないヒッコリー（カリヤ）、あるいはカナダの北部などにはサトウモミジとも呼ばれているサトウカエデも含めて、カエデ類も多い。最後の氷河期が去って一万年この方、人類もすべて同じで、ヒト属のヒト **Homo sapiens** も、もちろんアメリカ大陸では同じである。

図２　本州北部白神山地のブナ林（*Fagus crenata*）、海抜 1200m

図３　ニューヨーク・シラキュス近郊のブナ林（*Fagus grandifolia*）

北極に近いアラスカのアメリカ・インディアンの人たちは、一万年この方、ゆっくりと移動しながら、南アメリカ大陸の南端マゼラン海峡まで到達していたといわれている。しかし、農耕文化を営まなかったために、ほとんど自然の植生、森の破壊は、最小限にとどめられていたはずである。

アメリカ大陸が積極的に開発されたのは、クリストファー・コロンブスによってアメリカ大陸が発見され（一四九二年）、その後、ヨーロッパの人たちが北アメリカ東部などにやって来たとき、特に十七世紀初期以降の本格的な移住、定住からである。北アメリカの各地が独立し、アメリカ合衆国ができたのは、独立戦争以後の一七七六年からだが、そのころから本格的な自然の開発が始まり、さらに東部から西へ、太平洋岸まで自然開発が進んできた。アメリカ大陸は現在まで、ヨーロッパや日本が数千年かけてゆっくりと人間活動によって自然の森その他の自然植生が破壊されたのに対して、わずか数百年でかなり多くの森や自然の草原が破壊されたのである。

インディアンの人たちはもともと谷部に住み、つつましく生活したのに対して、大勢のヨーロッパ人は、当時の新しい技術を駆使した積極的な行動によって、たとえばヨーロッパから持ちこんできた家畜の過放牧をおこない、そしてファイア・マネジメント——火を使って森や草原の管理・利用をおこない、また農耕地や牧野の拡大によって、自然林の皆伐や地下資源の発

図4　ヴァージニア州の海岸砂丘の常緑カシ林（Quercus virginiana）

図5　フロリダ州ゲインズヴィルのアメリカ落葉ナラ林（Quercus alba）

掘などをおこなって、急速に自然植生、土地が破壊されていった。その結果、現在では厳密な意味での自然植生は、新大陸のアメリカにおいて急速に破壊されている。今では世界の他の古い文明国と同様に、局地的にはそれ以上に、現存植生の大部分は人間活動によって変えられたり、新しく作られたものになっている。たとえば、「カナダ北部の北方針葉樹林は現在も、見かけ上は広く発達しているが、果たして原生林か？」と、当時共同研究していたケベック大学のグラントナー教授に現場で尋ねると、「今ある北方針葉樹林は、伐採を繰り返して三代目だ」と言われる。「厳密な意味での原生林は？」と言うと、新しい技術文明の発展によって、「現在車で行けるところから、どうしてもと言うなら、ここから三週間ぐらい車から降りて歩いていかなければ厳密な意味での原生林はない」と言われたぐらい、技術は発展して、世界中で経済的には豊かな生活をしているが、世界中でもっとも原生林が残っていると思われていた北方針葉樹林も、伐採などのさまざまな人間活動によって破壊されている現状である。

また、共同研究で協力していただいたジョージア大学のフランク・ゴーリー教授——当時、国際生態学会長であった——の言によると、たしかに北アメリカの東南部のアメリカナラ帯——落葉樹林である日本の北海道など北部のミズナラに対応する——には、全部で十九種類のナラ類があるといわれているが、それらも見かけ上は自然の森のように見える。しかし、ちょうど日本の里山の雑木林のように株立ちになっている。フランク・ゴーリーによると、現在の

図６　マツ林はしばしば森林火災を起こす（ノースカロライナ州ウィルミントン、グリーン・スワンプ保護公園）

北アメリカ東南部の平地、丘陵地の森は、原生林でも何でもなくて、一九二〇年代、いわゆるブラック・マンデー後に、急速にシカゴ、デトロイトなどを中心に東北部と中部で自動車づくりなどの新しい産業が発展した後の二次林であるそうだ。労働者が、今までの農耕地や森林をほとんど伐採したり焼いたりして作っていた牧野や農耕地を放棄した後の二次林であって、種の組み合わせは自然林に近いかもしれないけれども、厳密な自然林、原生林は東南部にはまったくないとさえ言われている。

また、この北アメリカ東部の調査のアメリカ側の代表になっていただいたエルジン・ボックス教授（元国際植生学会長）も指摘しているように、日本のほうが、ある意味で土地本来の自然林が、都市や集落の中や周辺に残っていると言える。それは、日本では「鎮守の森」が宗教的な祟り意識によって残されているからなのである。たとえば京都や奈良や鎌倉などの神社を思い浮かべていただければわかる。

かつて世界の文明の発展した都市は、ヨーロッパのローマもメソポタミアもギリシャもそうであるが、アメリカでも、森林をみな殺しにしている。ところが日本では、人間が古くから生活してきたキャピタルシティ（首都）に、部分的であるが自然に近い森、潜在自然植生が現存しているのは、これは日本の文化として誇るべきことである。数千年来つくってきた「鎮守の森」が、宗教的なサンクチュアリとして残されているのである。これは国際的に非常に評価すべきであって、都市化や新産業立地が拡大されながらも、その周囲には森が残されているということなのである。ここがアメリカなどの他の文明国と違うところである。

アメリカでは、ヨーロッパ諸国もそうであるが、このような森に対する宗教的な祟り意識がないため、一時は森林の皆伐や、自然草原の火入れによってほとんど全面的に破壊されてきた。そしてむしろ、各地の森や自然植生が失われたことに対して意識的な危機感を覚えて、国立公園や天然記念物（Natural Monument）、および国有林（National Forest）が各地に残されていったのである。潜在自然植生を調べるためには、ドイツやスイスの自然保護区と同じように、今わずかに残されている、あるいは再生している潜在自然植生が顕在化しているところを調べる。たとえば、イエローストーン国立公園は、アメリカで最初に、一八七二年に国立公園に指定され、その後は自然保護地域として残されている部分である。それまでの森を破壊したことでさまざまな自然災害が起きたことに対しての一つの反省もあると思うが、そこではかつて破壊された植生や動物、フロラ（植物相）やファウナー（動物相）も、ゆっくりと再生していっている。

われわれは、アメリカおよびカナダの仲間の生態学者、研究者のみなさんの協力を得て、各地の代表的な植生や森林について、十分に植生調査をすることができた。北はカナダ北部から南はサウスカロライナまで、大部分は夏緑広葉樹林域で、アメリカナラ帯文化帯の植生調査をまとめた。さらにジョージア州南部、フロリダ半島なども、日本の常緑広葉樹林と比較した。森林から草原、さらに人間活動の影響下にあって変えられた各代償植生まで、バージニア海岸からアトランタ周辺、さらにジャックウィルソン、ジョージア、フロリダからアメリカ合衆国最南端のキーウェストまでの各植生を調べた。

興味をもったのは、たとえば、夏緑広葉樹林域にあるアメリカナラ、一部のブナ林を含めた自然林が破壊された後に二次的に生えたストロボマツ、テイダーマツ、あるいはパストリアマツのように、具体的な樹種、種名は違っても、マツの類は日本のアカマツ、クロマツと同様に二次的に生育していることである。このようなマツは、代償植生として、北アメリカの東半分がほとんど占められていた（**図7～9**参照）。このような針葉樹は陽生で、種子はパラシュート

図７　北米大陸の中部から南東部には、マツ林が広く広がる（Pinus palustris)。サウスカロライナ州、サンドヒル野生生物保護区

図８　火入れによって管理されているマツ林（合衆国南東部で一般的な P. palustris, P. elliottii など)、ノースカロライナ州、グリーン・スワンプ保護公園

図9　単植のマツ林（P. taeda, P. palustris）は自然災害に対して脆弱である。強風に倒されたもの。ノースカロライナ州ウェーマスの森

をもっており、尾根筋、水際、砂丘などの貧養立地や、自然林のあとなどの空き地に最初に生育する。したがってアメリカでもどこでも容易にパイオニア（先駆植物）として生育し、早生樹であり、生育は早く、北アメリカの木材経済に貢献する意味では、ちょうど日本と同じようなものである。日本のスギ（クリプトメリア・ヤポニカ）、ヒノキ、カラマツ、アカマツ、クロマツは、それと同じ理由で対応して、今まで日本では広く植林されてきた。

日本のこのようなスギやヒノキやカラマツなどは、本来は常緑広葉樹などにおされて尾根筋、水際など、植物の生育にとってきびしい立地や高地などに自生していた。それを、土地本来の夏緑、あるいは常緑広葉樹林を破壊してあえて植えた後は、二十年以上にわ

たってつる切り、枝打ち、下草刈りなどの管理が必要で、それを明治時代以来、ていねいにやってきたので、日本の見事なスギやヒノキ、山地のカラマツの針葉樹の人工林が、経済目的で広くつくられてきた。しかし、アメリカは国土の面積が広く、またそのような労働者が少ないから、植えて二十年以上の管理はできない。そこで彼らは、ファイア・マネジメント（火の管理）を行ってきたのである。たとえば、コカコーラの会社もそういう研究所――火による管理の研究所をつくっているぐらいである。幸いにも、アメリカの針葉樹、マツ類などは、樹幹の厚いコルク状の表皮が硬くて、下草その他は主に乾燥地であるから火で見事に焼けるが、一部が焼けてもそのような針葉樹のほとんどは生き残っている。したがって、このような火の管理は典型的な管理法として広く行われている。それがしばしば拡大して、カリフォルニアなどでは毎年山火事になったりしているところもある。下草を火をつけて焼いてしまうと、マツは幹のコルク層で守られて残るが、林床の草本植物や低木類はほとんど枯れてしまって、いわゆるサバンナ状になっている。

このような火の管理は、日本でも焼き畑農法として昔は行われていたし、単に北アメリカだけでなくて、南アメリカ、オーストラリア、アフリカ、あるいは地中海地方の海岸沿い、南アジアなどでも行われてきた。その結果、林床の植生は非常にシンプルで、南のほうでは一部、セノリアリベンスやサバール・ミノル、アラサブコストニーといわれるような、火に強い矮性

図 10　サバルヤシ（Sabal palmetto）なども含むグリーンアッシュ（Fraxinus pennsylvanica）の森が再生しつつある。80 年前は田んぼだった場所、ジョージア州リード・ビンガム州立公園

図 11　亜熱帯の植生。フロリダ州南中央部、ハイランド・ハンモック州立公園

図 12　アメリカニレ（Ulmus americana-Fraxinus pennsylvanica)。ジョージア州南西部の沼地林

図 13　クマデヤシ（Sabal minor）やシダ（Osmunda regalis）等の下草の多いヌマスギ林（Nyssa aquatica-Taxodium distichum)。ニューオリンズ近郊の湿地

のヤシの類が残る程度である（図10〜13）。ただ、このようにモノカルチャーにしたところは、日本と同様に、ハリケーンによる暴風などでマツ林が崩壊したり、野焼きの火を外部管理しても大火事になったりすることが多いことも、しばしば見られる。

常緑広葉樹林域の植生

日本列島と比較して、北アメリカはヨーロッパと同様に落葉広葉樹、ナラ帯文化帯であり、いろんなナラ類の樹種があり、トータルでは十九種類ある。反面、常緑広葉樹林域は、アメリカでは限られている。アメリカ東部では潜在自然植生が常緑広葉樹林域であるのは、フロリダ半島を含めて南部の一部に限られているが、そこは西欧人が移住してきて最初に開発したところで、ほとんど日本と同様に自然植生が残されていない。その代償植生として、太陽の直射日光下で育つ、好陽生で、貧養地でも育ち、種子はパラシュートで広く散布している、パイオニアのマツ類などが、日本と同様に繁茂する。相対的には、日本に残存している常緑広葉樹林域と同じように、アメリカでは、バージニアカシ（Quercus virginia）が、また日本のスダジイと同じような種が、日本と同じように、単木として、あるいは残存林として広く各地に見られて、潜在自然植生の判定は比較的容易である。

しかし、そのような常緑広葉樹林域は、現在ではさまざまな人間活動の影響下にあって、落葉広葉樹林と同様に残存林はきわめて限られている。ただ、残された残存林や残存木で見ると、南カロライナ州からフロリダまで、その常緑広葉樹林帯の林床には、サバール・パルメット（Sabal palmetto）というヤシ類の一種などが見られる。また、日本のシラカシ林に非常によく似た、クエルクス・ベリアカシと、あるいは半常緑性のタキソデューム（Taxodium）などが部分的に残されている。また、日本と同様に、海岸の砂地などの土壌養分の少ない貧養なところでは、落葉のナラ類の低木が、ちょうど日本の北海道海岸のカシワのような状態で生育している。興味深いのは、適湿で土壌条件のよいところであれば、日本のタブノキと同じ属のペルシア・パルストリア、同じく常緑広葉樹のタイサンボク（Magnolia virginia）の森林が残されている。

われわれの現地植生調査で明らかになったことは、日本の照葉樹林の主木類と同じ属のシイ、タブ、カシ類の属の類が、本来はフロリダ半島、南カロライナなどのアメリカ東南部の海岸地域で、潜在自然植生であることが明らかにされたことである。日本の関東平野をはじめとする常緑広葉樹林域で、シラカシなどの常緑広葉樹林が潜在自然植生であるのは、長い間の人間の里山的な干渉、すなわち定期的に二十年に一回ぐらい伐採して、薪炭に使っていた、そのような結果である。まったく同じように、本来の常緑広葉樹林域は、落葉広葉樹の日本のクヌギ、クリ、コナラ群落に相当する二次林となり、十五年ないし二十五年の間に伐採したために、切り株から再生萌芽して二次的に出ているという、同様な状態である。したがって、フロリダ州その他では、潜在自然植生は常緑広葉樹林域であるが、それが人間活動の影響によって落葉広葉樹のアメリカナラ類の二次林に置き換えられているのは、興味深い。

結論

北アメリカ東部と日本列島とのさまざまな分野での共同研究、比較研究は大事であるが、不幸な第二次大戦などのさまざまな理由で遅れていた。

本書における調査・研究成果は、はじめて広域的に日本列島とアメリカ東部文化帯の植生、人間活動とのかかわり、土地本来の森を再生するプロセスなどを比較した研究である。アーサー・グレイが百年前にフロラ（植物相）が似ていると言って以来、比較研究が望まれていながら、行われていなかった、その最初の研究である。

幸いにも両国の研究者をはじめ、多くの方々——総勢百十六名の研究者の協力を得て、はじめて現地植生調査にもとづいた、本格的な研究成果がここにまとめられている。しかし、まだまだ初期の段階であって、この調査・研究成果を基礎に、さらに潜在自然植生と現存植生を調査しなければならない。人間活動の影響によって、今、日本列島とアメリカ東部文化圏は経済的・物質的には非常に発展しているが、反面、人類生存の基盤である緑の保護、再生についての比較研究はまだ少ない。今後、さらに両国の比較研究が発展することを期待したい。

＊

私は、日本列島各地の各植物群落について現地調査を続け、そのデータの広域的比較研究によって各植生調査をおこない、全植生の植物社会学的な体系化を行い、その全データにもとづく日本全国の現存植生から潜在自然植生図を完成し、植物社会学的に植生体系化してきた。それを地球規模で比較・研究したい。まずアーサー・グレイ以来、似ているといわれながら、同じように世界の文明の中心地域として発展している北アメリカ東部との比較研究の成果が以上である。

人類の生存と文化、生活、経済も含めた発展のために、未来を確実に生き延びるために、潜在自然植生にもとづく、土地本来の植生が破壊された場所の土地本来の緑――森の修復・再生・回復、さらに発展のための基礎研究の最初の著作として、幸いにもアメリカの各研究機関、大学はじめ多くにこの書が残され、利用されていることを喜んでいる。

＊ Vegetation System and Dynamics under Human Activity in the *Eastern North American Central Region in the comparison with Japan*. 515pp. University of Tokyo Press, 1994.

あとがき――本書をお読みいただくみなさんへ

本書は、私、宮脇昭の八六年の生涯の、総まとめのようなものです。ドイツで潜在自然植生を勉強して日本に帰って、長くだれにも相手にされなかった私も、ようやく日本中、世界中から森づくりのお声をかけていただくようになり、今では休日も休みなく、来年、さ来年までほとんど毎日、森づくりの予定が入っています。

大事なことですから何度も繰り返しますが、もっとも大事なものは、いのちです。そのためには、見えるものだけを見ていてはいけない。見えるものとは、コンピュータを使った計量科学、目先の経済的な富などですが、それだけではなく、見えないものを見る努力、いのちを守る環境、トータルな自然の見方を、本書ではくり返しお話ししてきたつもりです。

なお、冒頭に収録した、私の恩師チュクセン教授の講演のタイトルに「環境」という言葉があります。この講演の行われた当時一九七四年の段階、今から約四十年前には、日本では「環境」という言葉は、「自然環境」の意味ではまったく使われていませんでした。今日「環境破壊」

「環境保護」とはふつうに言われていることですが、当時は公害、自然破壊という言葉で言われていました。

ですから、このチュクセン教授の講演を、一般の方、報道関係者はもちろん、専門家でも理解することは非常に難しかったのではないかと思います。

この、日本で初めての国際植生学会に関わってくださった日本の各団体のみなさんも、首をかしげておられたのですが、チュクセン教授が「今後この『環境』という概念——人間も含めた生き物たちのトータルの環境——は、非常に大事になるから、ぜひ日本語にはそのまま訳してほしい」と言われて、そのまま講演をしてもらいました。

当時の聴衆には十分ご理解いただけなかったと思うのですが、今となっては、美しい国土をもちながら、自然災害が多い日本、予測を越えた自然の揺り戻しからいのちを守らなければならない日本の状況を既に予測したような講演内容であることが、しみじみ分かります。

「見えないもの」をどう見るか。本書はそれを、一人の素朴な「現場主義」の宮脇昭の、八十六年の生涯から、何とか感じてほしいというものです。私は、人生の大部分を、「見えないもの」を見ようとすることだけに費やしてきた、と言っても過言ではありません。そして何をやり、何を残し、そして何をみなさんとやろうとしているかを、ぜひみなさんに正しくご理解いただきたいのです。〝死んだ材料〟を使って進歩し続けている現代の科学・技術の中で、見えないものを見る意欲をもち、努力し、そしてそれを現場で体験し、まちがいのない今日と明日を、より健全に、より豊かに生き延びることの大事さ、すばらしさを、すべての人がご理解いただけるようにという願いを込めて、本書をまとめました。

とくに計量主義で育っているみなさんに、あえて言いたいのです。われわれがこの限られた地球で、日本列島の中で生き延びるために、「どのようにして見えないものを見るか」という努力をしていただきたい。具体的に、いのちとその生存環境の保全・保護、再生を考え、実現する。そしてそのプロセスと成果を過去から未来に向かって、日本から世界に対応できるような方法として、みなさんといっしょに考え、実行していきたいのです。

いのちを守り、豊かな生活を保証し、そして少なくとも、次の氷河期が来るといわれる九千年もしくは一万年先まで、この日本列島でまちがいなく、私もあなたも、あなたの愛する人も、さらにすべての人類が限られた地球で生き延びていってほしいと私は願っているのです。そのために、一人一人が必ず知っていなければいけない、最低の共通の知見、感性をよみがえらせるために、本書をお読みいただき、具体的にできるところから実行しながら、それぞれのご意見、ご批判、ご教示をいただきますよう願っています。

私は、チュクセン教授から「潜在自然植生」を、見えないものを見る見方を、一九五〇年代のドイツで、体で徹底的に学びました。日本にいたら三十年かかってもできなかったことを、チュクセン教授から学ぶことができたのです。

そして、二〇一一年、あの悲惨な東日本大震災が起こりました。しかし、私は常に前向きでいたいと思います。危機をチャンスに、国民のいのちを具体的に守る、地球資源のガレキをマウンドに使って「いのちの森づくり」「緑の防潮堤づくり」に必死で取り組んでいるのです。

そして、二〇一四年六月、国会を全会一致で通過し、海岸法が改正され、農水省、林野庁、国土交通省のみなさんが一丸となって、防災・環境保全林づくりの取り組みが進められています。

お若いみなさん、そしてお仕事をリタイアされて少しは時間のできたみなさん、本書は、最初はつまみ読みでもかまいません。しかし少しずつ、ぜひゆっくり、じっくりと読んでいただき、未来のために、あなたのため、あなたの家族のため、愛する人のため、日本人のため、そして人類のために役立てていただきたいのです。

ですから、読んでいただくだけでは不十分です。あなたのできるところからで構わないのです。できるだけ楽しく、自信と確信をもって実行し、本書を使いきっていただきたい。

競争──がまん──共生ですよ。がまんのできない生き物は、地球上で生きていかれません。明日のために、少しつらくても、できるだけ多くの方に広めていただき、いのちの森づくりに取り組んでいただきたい。

どの緑も、大事です。しかしいのちを守る森は、土地本来の、ふるさとの木によるふるさとの森です。これが基本です。

われわれ人間は、森の寄生虫の立場でしか生きていけません。これはまさに、冷厳な事実なのです。


なお、本書ができましたのは、もっとも未来志向の出版をつづけていらっしゃる藤原書店の藤原良雄社長、そして本当に忙しい中で毎月のように藤原書店にいらしていただいた建築家の内田純一先生、山本稚野子さんが、一字一句議論し、提案していただいた賜です。心から感謝申し上げます。また正月休みもとらず昼夜を分かたず、最後まで本書の構成と校正に尽くしてくださった藤原書店編集部の山﨑優子さん、本当に有難うございました。

二〇一五年一月五日

宮脇昭

参考文献

単著（単行本）

宮脇昭『植物と人間――生物社会のバランス』ＮＨＫブックス、一九七〇年
宮脇昭『生きものの条件――植物生態学の立場から』柏樹社、一九七五年
宮脇昭『植物生態学の立場から生きものの条件』柏樹社、一九七六年
宮脇昭『森はいのち――エコロジーと生存権』有斐閣、一九八七年
宮脇昭『緑回復の処方箋――世界の植生からみた日本』朝日選書、一九九一年
宮脇昭『緑環境と植生学――鎮守の森を地球の森に』ＮＴＴ出版、一九九七年
宮脇昭『ＮＨＫ知るを楽しむ　この人この世界　日本一多くの木を植えた男』ＮＨＫ出版、二〇〇五年
宮脇昭『いのちを守るドングリの森』集英社新書、二〇〇五年
宮脇昭『木を植えよ！』新潮選書、二〇〇六年
宮脇昭『苗木三〇〇〇万本　いのちの森を生む』ＮＨＫ出版、二〇〇六年
宮脇昭『鎮守の森』新潮文庫、二〇〇七年
宮脇昭『いのちの未来　植物が教える人類の進むべき道』株式会社サンガ、二〇〇九年

宮脇昭『四千万本の木を植えた男が残す言葉』河出書房新社、二〇一〇年
宮脇昭『三本の植樹から森は生まれる——奇跡の宮脇方式』祥伝社、二〇一〇年
宮脇昭『「森の長城」が日本を救う——列島の海岸線を「いのちの森」でつなごう！』河出書房新社、二〇一二年
宮脇昭『森の力——植物生態学者の理論と実践』講談社現代新書、二〇一三年
宮脇昭『人類最後の日』新版、藤原書店、二〇一五年（初版は筑摩書房、一九七二年）

単著（雑誌記事等）

宮脇昭「原爆の跡に芽生えたタブノキ」、『省エネルギー』八月号、第五七巻第九号、（財）省エネルギーセンター、二〇〇五年
宮脇昭「地球環境のまなざし——あなたとあなたの愛する人のために」、『ＮＨＫシリーズ　こころをよむ』日本放送出版協会、二〇〇八年
宮脇昭「日本人と鎮守の森——東日本大震災後の防潮堤林について」、『生態環境研究』第一八巻第一号、二〇一一年
宮脇昭「生きた構築材料を使い切り、国土強靭化を」、『国土強靭化その3　日本を強くしなやかに』国土強靭化総合研究所発行・相模書房発売、二〇一三年
宮脇昭「いのちの森をつくる」、『森のバイブル』、株式会社ボイス、二〇一四年
宮脇昭「見えないものを見る」、『環』五八号、藤原書店、二〇一四年七月
宮脇昭「東京に森を！——「潜在自然植生」からみた東京」、『環』五九号、藤原書店、二〇一四年十月

宮脇昭「東京における植生科学と環境保護——日本ではじめての国際植生学会から」、『環』五九号、藤原書店、二〇一四年十月

共著

北川政夫、宮脇昭『生きている植物の四季』誠文堂新光社、一九五八年
木澤綏、飯田睦治郎、松山資郎、宮脇昭『富士山——自然の謎を解く』NHKブックス、一九六九年
宮脇昭（編著、解説）『現代のエスプリ　エコロジー』六二号、至文堂、一九七二年
宮脇紀雄、宮脇昭『生きている森——ふるさとの森を考える』文研出版、一九七五年
宮脇昭、藤間凞子、鈴木邦雄『神奈川県における社寺林の植物社会学的調査・研究——神奈川県社寺林調査報告書　第二次調査』神奈川県教育委員会、一九七九年
宮脇昭（編著）『日本植生誌』全一〇巻（1屋久島　2九州　3四国　4中国　5近畿　6中部　7関東　8東北　9北海道　10沖縄・小笠原）至文堂、一九八〇〜一九八九年
宮脇昭、中村幸人『野洲周辺の植生調査報告書　琵琶湖湖南地区の植生』横浜植生学会、一九八一年
宮脇昭、奥田重俊、藤原一絵、中村幸人、村上雄秀、鈴木伸一『酒田市の潜在自然植生——緑豊かな都市創造の基礎研究』酒田市、一九八三年
宮脇昭、藤原一絵、小澤正明「ふるさとの木によるふるさとの森づくり——潜在自然植生による森林生態系の再生法（宮脇方式による環境保全林創造）」『横浜国立大学環境科学研究センター紀要19』七三—一〇七、一九九三年
宮脇昭、藤原一絵、中村幸人、木村雅史『産業立地における環境保全林創造の生態学的、植生学的研究』第Ⅰ編、第Ⅱ編、横浜植生学会、一九九三年

宮脇昭、池田明子『森はあなたが愛する人を守る』講談社、二〇〇九年
宮脇昭（編著）『日本の植生』初版一九七七年、改訂第二版、学研、二〇一一年
宮脇昭、池田武邦『次世代への伝言――自然の本質と人間の生き方を語る』地湧社、二〇一一年

訳書

宮脇昭訳、シュミットヒューゼン『植生地理学』朝倉書店、一九六八年

その他

本郷高徳『明治神宮御境内林苑計画』一九二一年
河田杰、柳田由蔵「火災と樹林並に樹木との関係」『土木学会誌』第一〇巻第二号、一九二四年
国木田独歩『武蔵野』岩波文庫、一九七二年
吉村昭『関東大震災』文藝春秋、一九七三年
財団法人国際生態学センター『環境保全林形成のための理論と実践』一九九五年
明治神宮社務所編『「明治神宮の森」の秘密』小学館文庫、一九九九年
一志治夫『魂の森を行け――3000万本の木を植えた男の物語』集英社インターナショナル、二〇〇四年
一志治夫『宮脇昭、果てなき闘い』集英社インターナショナル、二〇一二年

日本語以外の文献

Miyawaki, A., 1955. Habitat segregation in *Aster Sublatus* and Three Species of *Erigeron* due to Soil Moisture.

Bot. Mag. Tokyo 65 (802) : 105-113

Miyawaki, A., 1956. Quantitative and Morphologische Studien über die ober und unterirdischen Stämme von einigen Krautarten. *Bot. Mag. Tokyo* 69 (820-821) : 481-488

Miyawaki, A., 1960. Pflanzensoziologische Untersuchungen über Reisfeld-Vegetation auf den Japanischen Inseln mit vergleichender Betrachtung Mitteleuropas. *Vegetatio* 9 (6) 345-402. Den Haag.

Miyawaki, A., 1973. Pflanzung von Umweltschuz-Wäldern auf Pflanzensoziologischen Grundlage in den Industriegebieten von Japan. *Beispiele von elf Fabriken der Japan-Steel-Comp.* (Muroran, Hokkaido bis Ooita, Kyushu) . ——Vortrags-Manuskript 1972. In: Ber. d. Int. Symposien d. Inter. Ver. f. Vegetationskunde. Hersg.: R.Tüxen: *Gefährdete Vegetation und deren Erhätung, Rinteln* 27-30, März 1972. J. Cramer Verlag, Vaduz 1981.

Miyawaki, A. & Tüxen, R., (eds.) 1977. Vegetation Science and Environmental Protection. *Proceedings of the International Symposium in Tokyo on Protection of the Environment and Excursion on Vegetation Science through Japan.* 576pp. Maruzen, Tokyo.

Miyawaki, A., 1979. Vegetation und Vegetationkarten auf den Japanischen Inseln, Bull. Yokohama Phytosoc. Soc. Japan Vol.16: 49-70. Yokohama.

Miyawaki, A., S. Okuda eds. 1979. Vegetations und Landschaft Japans. 495pp. Festschrift für Prof. Dr. Drs. b.c. Reinhold Tüxen eds. Bull. Yokohama Phytsoc. Japan. Vol.16.

Miyawaki, A., 1993. Restoration of Native Forests from Japan to Malaysia. In:Lieth,H.&Lohmann, M. (eds.) *Restoration of Tropical Forest Ecosystems.* 5-24. Kluwer Academic Publishers,. Netherlands.

Miyawaki, A., 1933. Restoration of Native Forests from Japan to Malaysia. Lieth, H. and M. Lohmann (eds) .

Restoration of Tropical Forest Ecosystem.: 5-24. Kluwer Academic Publs.

Miyawaki, A., & Frank B. Golley., 1993."Forest Reconstruction as Ecological Engineering." *Ecological Engineering* 2 (4) : 333-45. Elsevier. Amsterdam.

Miyawaki, A., Iwatsuki, K. & Grandtner, M. (eds.) 1994. Vegetation in Eastern North America; *Vegetation System and Dynamics under Human Activity in the Eastern North American Cultural Region in Comparison with Japan.* 515pp. Univ. of Tokyo Press, Tokyo.

Miyawaki, A., 1996. Restoration of Biodiversity in Urban and Peri urban Environments with Native Forests. (F. di Castri and T. Younes. eds. *Biodiversity, Science and Development: Towards a new partnership.*: 558-565 CAB International

Miyawaki, A.,1998. Restoration of Urban Green Environments Based on the Theories of Vegetation Ecology. *Ecological Engineering* 11: 157-165. Elsevier, Amsterdam.

Miyawaki, A., 1999. Creative Ecology: Restoration of Native Forests by Native Trees. *Plant Biotechnology* 16 (1) : 15-25. Japanese Society for Plant Cell and Molecular Biology, Tokyo

Miyawaki, A., 2004."Restoration of Living Environment Based on Vegetation Ecology: Theory and Practice." *Ecological Research* 19:83-90.

Miyawaki, A. & E. O. Box., 2006. The Healing Power of Forests. The Philosophy beheind Restoring Earth's Balance with Native Trees. 286pp. Kosei Publishing. Tokyo

Miyawaki, A. & Seiya Abe., 2004."Public Awareness Generation for the Reforestation in Amazon Tropical Lowland Region." *Tropical Ecology* 45 (1) :59-65

Miyawaki, A., 2010."Phytosociology in Japan. The Past, Present and Future from The Footsteps of One

Phytosociologist." *Braun-Blanquetia* 46, 55-58. 2010. Camerino, Italy.

Murakami, Y., & A. Miyawaki 2013. Mantle Communities of Mangrove Forest Area in Thailand. Eco-Habitat., 11:13-48.

Miyawaki, A. 2014. The Japanese and Chinju-no-mori, Tsunami-Protecting forest after the Great East Japan Earthquake 2011. phytocoenologie 44, 235-244. Stuttgart, Germany

Miyawaki, A., 2014. Great Forests for Life. Voice of the Forest.

Miyawaki, A., 2014. Ecological restoration approaches. pp.133-147. Genetic considerations in Ecosystem Restoration using native Tree species. 281 pp. Food and Agriculture Organization of the United Nations. Rome/Italy.

Tüxen, R., 1956. Die Heutige Potentielle Natürliche Vegetation als Gegenstand der Vegetationskartierung. Angew. *Pflanzensoziologie* 13: 5-42. Stolzenau/Weser.

Wilmanns, Otti., 1995 *Laudatio* zu Ehren you AKIRA MIYAWAKI anläBlich der Verleihung des Reinhold Tüxen-Preises 1995 der Stadt Ruiteln am 24. März 1995. *Ber. d. Reinh. Tüxen-Ges.* 7: 17-27. *Rintelner Symposium* IV. Rinteln, 24-26. 3. 1995. Hannover.

著者紹介

宮脇 昭（みやわき・あきら）

1928年岡山生。広島文理科大学生物学科卒業。理学博士。ドイツ国立植生図研究所研究員、横浜国立大学教授、国際生態学会会長等を経て、現在、横浜国立大学名誉教授、公益財団法人地球環境戦略研究機関国際生態学センター長。

紫綬褒章、勲二等瑞宝章、第15回ブループラネット賞（地球環境国際賞）、1990年度朝日賞、日経地球環境技術大賞、ゴールデンブルーメ賞（ドイツ）、チュクセン賞（ドイツ）等を受賞。

著書に『日本植生誌』全10巻（至文堂）『植物と人間――生物社会のバランス』（NHKブックス、毎日出版文化賞）『緑環境と植生学――鎮守の森を地球の森に』（NTT出版）『明日を植える――地球にいのちの森を』（毎日新聞社）『鎮守の森』『木を植えよ！』（新潮社）『次世代への伝言　自然の本質と人間の生き方を語る』（地湧社）『瓦礫を活かす「森の防波堤」が命を守る』（学研新書）『「森の長城」が日本を救う！』（河出書房新社）『森の力』（講談社現代新書）など多数。

見《み》えないものを見《み》る力《ちから》――「潜在自然植生《せんざいしぜんしょくせい》」の思想《しそう》と実践《じっせん》

2015年2月28日　初版第1刷発行©

著　者　宮　脇　　昭

発行者　藤　原　良　雄

発行所　株式会社　藤　原　書　店

〒162-0041　東京都新宿区早稲田鶴巻町523

電　話　03（5272）0301

FAX　03（5272）0450

振　替　00160-4-17013

info@fujiwara-shoten.co.jp

印刷・製本　中央精版印刷

落丁本・乱丁本はお取替えいたします

定価はカバーに表示してあります

Printed in Japan

ISBN978-4-86578-006-2

ゴルフ場問題の〝古典〟

新装版
ゴルフ場亡国論
山田國廣編

リゾート法を背景にした、ゴルフ場の造成ラッシュに警鐘をならす、「ゴルフ場問題」火付けの書。現地で反対運動に携わる人々のレポートを中心に構成したベストセラー。自然・地域財政・汚職……といった「総合的環境破壊としてのゴルフ場問題」を詳説。

カラー口絵
A5並製　二七六頁　**二〇〇〇円**
（一九九〇年三月／二〇〇三年三月刊）
◇978-4-89434-331-3

現代日本の縮図＝ゴルフ場問題

ゴルフ場廃残記
松井覺進

九〇年代に六百以上開業したゴルフ場が、二〇〇二年度は百件の破綻、負債総額も過去最高の二兆円を突破した。外資ファンドの買い漁りが激化する一方、荒廃した跡地への産廃不法投棄も続いている。環境破壊だけでなく人間破壊をもたらしているゴルフ場問題の異常な現状を徹底追及する迫真のドキュメント。

口絵四頁
四六並製　二九六頁　**二四〇〇円**
（二〇〇三年三月刊）
◇978-4-89434-326-9

水再生の道を具体的に呈示

改訂二版
下水道革命
（河川荒廃からの脱出）
石井勲・山田國廣

家庭排水が飲める程に浄化される画期的な合併浄化槽「石井式水循環システム」の仕組みと、その背景にある「水の思想」を呈示。新聞・雑誌・TVで、〝画期的な書〟と紹介された本書は、今、瀕死の状態にある日本の水環境を救う具体的な指針を提供する。

A5並製　二四〇頁　**二三三〇円**
（一九九〇年三月／一九九五年一一月刊）
品切◇978-4-89434-028-2

「循環科学」の誕生

環境革命Ⅰ 入門篇
（循環科学としての環境学）
山田國廣

危機的な環境破壊の現状を乗り越え、「持続可能な発展」のためにどうするかを提言。様々な環境問題を「循環」の視点で総合把握する初の書。理科系の知識に弱い人にも、環境問題を科学的に捉えるための最適な環境学入門。著者待望の書き下し。

A5並製　二三二頁　**二一三六円**
（一九九四年六月刊）
◇978-4-938661-94-6